能量的真相

关于生命能量运作和提升的底层逻辑

〔美〕卡比尔·贾菲 等◎著

神 木◎译

北京科学技术出版社

著作权合同登记号　图字：01-2024-1997

图书在版编目（CIP）数据

能量的真相 /（美）卡比尔·贾菲等著；神木译
. — 北京：北京科学技术出版社，2024.10（2025.11 重印）
书名原文：Your Energy in Action！
ISBN 978-7-5714-3827-2

Ⅰ . ①能… Ⅱ . ①卡… ②神… Ⅲ . ①心理学—通俗
读物 Ⅳ . ① B84-49

中国国家版本馆 CIP 数据核字 (2024) 第 068934 号

策划编辑：	李　菲
责任编辑：	李　菲
责任校对：	贾　荣
责任印制：	吕　越
装帧设计：	创世禧图文
出 版 人：	曾庆宇
出版发行：	北京科学技术出版社
社　　址：	北京西直门南大街 16 号
邮政编码：	100035
电　　话：	0086-10-66135495（总编室）　　0086-10-66113227（发行部）
网　　址：	www.bkydw.cn
印　　刷：	北京顶佳世纪印刷有限公司
开　　本：	710 mm × 1000 mm　1/16
字　　数：	250 千字
印　　张：	13.5
版　　次：	2024 年 10 月第 1 版
印　　次：	2025 年 11 月第 10 次印刷

ISBN 978-7-5714-3827-2

定　　价：128.00 元

译者序
开启能量世界，重启惊叹人生

我们每一个人都在追求幸福，可是现实世界似乎充满了苦难。

我们有太多人感觉自卑、焦虑、抑郁，而这好像却成为了生命的常态。

一个人越是敏感，则会对于这些感知越深。于是，很多人推崇"钝感力"，告诉我们"别想太多了"。高敏感成为了一种负担、一种诅咒。这有些类似于"不去面对问题，反而要消灭发现问题的人"。实际上，高敏感不但能够发现问题，还为我们在能量层面提供了一种救赎。

在本质上来说，高敏感就是对能量敏感。影像、声音、气味、情绪、思维、灵感等等，其背后都是能量。高敏感人群就是对能量敏感的一群人。换句话说，能够敏锐地感知到能量的人，都属于高敏感人群。高敏感人群遇到的很多困惑，也都可以在能量层面给出答案。

我本身就是一名高度敏感者，一直在不停地进行自我探索。2022 年初我组建了一个高敏感成长互助社区——高敏感星球，借此认识了非常多高敏感的伙伴。我们在一起交流、探讨，对于自我和世界都有了深入认知，只是，然后呢？我们仍然缺少一个改变、成长的完整体系。

在此期间，我遇到了这本书的英文版。我欣喜地感知到"能量管理是人生最终的解决方案，而高敏感让这一切成为可能"。之后我介绍出版社的朋友引进了这本书，并进行了翻译。我认为这本书是自己阅读过的，在身心灵领域，最为整合、深入并且非常落地和实用的一本书。

我对本书里的内容进行了反复的学习和实践。借本书出版之际，和大家做下分享。补充一点，虽然在起始我是从高敏感人群的角度来做的介绍，实际上，这本书的内容适合所有对能量、对生命感兴趣的人。我们的敏感性可以通过训练来进一步培养。

这本书最大的特点就是整合、深入，其内容几乎涉及了人生的方方面面。从现实世界到内心世界，从情绪疗愈到个人成长，以及非常多的细节，都在能量的层面统一进行了阐述。

这本书的另外一个特点就是简单、落地。其中每一个场景练习，只要按照引领照做，即刻就会有感知。随着我的一点点实证，我越来越惊叹于这本书的实用性。

感知能量

能量是切实存在的。

虽然在之前我对于能量一直有所感知，但是未完全确认，直到我在有一天静坐时，忽然感觉有一股巨大的能量在后背部升起，就像是一面火墙向上直冲，我才完全确认了能量的存在。这种感觉比被火烫伤、被针刺破还要真实和强烈。之后，这股能量就一直存于我的体内。

这本书的作者讲到，其实大多数人都具有对于能量的敏感性，只是我们对能量失去了觉察。只要我们开始了解并有意识地感知能量，慢慢地，就会变得对于能量敏感起来。

我个人觉察，实际上能量一直在跟我们对话，只是我们每个人的背景音都太嘈杂了，能量的声音又比较微弱，像我之前那次的经历，也是非常少见。

个人能量场

每个人都有一个能量场，而且这也是切实存在的。

按照书中描述，我们大多数人的能量场都是浓密的、失衡的、阻塞的。与此同步，很多人的生活也都是痛苦的、挣扎的、受限的。关于两者，到底何为因、何为果，很难确定。但是有一点可以确定，能量层面的调整可以直接影响到我们的感受和现实生活。而且，这其实并不复杂。

对于自己和他人能量场的感知，为我们的生命提供了新的可能。

这本书的重点就是围绕着能量场，全方位地介绍了生命的方方面面。通过运用书里提到的能量技巧，我们的生命可以变得更加明晰、轻松和喜悦。

能量运用

这本书里，关于能量运用，主要介绍了三个核心内容：清理能量场、能量平衡、能量流动。这也是我们运用能量的三个步骤。我在此做一个简要概括和经验分享。

一、清理能量场

我们可能有过类似经历：感觉身体哪里不舒服了，用手去做一些安抚性的动作，就会感觉好一些。我们会认为这是心理作用，实际上，这个过程中，我们就做了一次简单的能量清理。

我们的身体里积累了太多的能量垃圾。这些能量垃圾可以认为是不受我们管控的能量，不但无法为我们所用，还会消耗我们的能量。我们身心的所有问题，几乎都与能量垃圾有关。即使还没有到生病的地步，日常也会让我们感受到疲惫、内耗、焦虑以及各种不舒服和心烦意乱。

清理能量场是我们运用能量的第一步，其过程非常简单，随时可用。这是一件非常令人兴奋的事情。我们只需要做一些很简单的身心练习，就可以让自己感觉到轻松、愉悦。

二、能量平衡

能量平衡即居于我们的能量中心。这让我们处于一种存在状态，感觉到宁静、安稳、喜悦。这是一种回家的感觉。而能量失衡则会让我们感觉到自我飘零、自卑、恍惚、没有主心骨。很可惜，大多数人都处于能量失衡状态。我们都在找回家的路。

在这本书里，列举了非常多的能量失衡状态，几乎涵盖了我们所有的异常心理状况。比如，对于很多高度敏感者来说，其能量场会更多地集中在头部上方，这会让自己在现实世界里经常处于恍惚状态，并且没有办法将一些事情实际落地。

解决能量失衡的方法也很简单。所有的能量失衡，只需要回归中心即可。

三、能量流动

能量流动决定了我们的生命本质。能量流动分为四个方向：向内、向外、向上、向下。水平方向的能量流动决定了我们和现实世界的关系，而垂直方向的能量流动则决定了我们所处的意识状态。两个方向上的能量流动构成了我们生命的全部。

向内

一切皆能量。而且不管我们是否意识到，这些能量，包括他人和环境所发出的能量，都在深刻地影响着我们。我们越是敏感，就越容易被这些能量所影响。

能量分为正向能量和负向能量。我们很多人的困扰都来源于负向能量的影响。在之前无意识的情况下，我们会采取一种全部屏蔽的方法，将正向能量和负向能量都屏蔽在外。这样，在减少负面影响的同时，我们也失去了体验美好事物的机会，生命也因此变得模糊和死气沉沉。

现在，我们可以主动、有意识地去进行能量运用。首先，我们可以尝试打开自己，将自己紧缩的能量向外拓展；然后，我们要为自己的能量场建立一道防护；之后，再遇到他人或者处于某种环境中，我们可以根据外界能量的性质，确定是否允许外界能量进入。

向外

这个方向的重要性，完全不亚于向内，只是我们很少有人会真切地关注到这个方向。

能量需要流动。我们经常感觉到的能量不足，实际上不是真的能量不足，而是能量缺少流动。能量不足的感觉更确切地说就是能量阻滞。

我们非常多的人，在之前太长的时间里，都习惯于能量输入，却很少做能量输出。在我们的能量场里，已经淤堵了太多的能量。这些能量需要表达、需要释放。长期不给这些能量输出的机会，就会让我们感觉到内耗、能量不足。

向外能量输出的形式多种多样，可大可小。可以去创建一个事业，也可以是在读书会上发表见解。遵从自己的感觉。向外能量输出会给我们带来即时的反馈，会让我们瞬间感觉到舒畅，感觉到能量提升（实际上是能量流动）。

向上

这是个意识提升的方向。人最让人感觉兴奋的一点就在于可以体验到多种意识状态。社会大众大多处于一种稳定的意识水平，而高度敏感者可以感知到更多的意识状态。

我个人可能最多算是刚入门级的感知，意识状态是互斥的，或者说，若要达到更高的意识状态，其前提条件是当下的意识状态即"自我"的相融，也就是我们很多人所说的达到"无我"境界。如果我们完全沉醉于自我，是根本不可能接触到更高的意识状态的。

在向上的方向上，有很多人陷入了"灵性陷阱"，把灵性当作获得自我感的一种手段。这其实与通过追求金钱、身份、地位来获得自我感，没有什么本质区别。

向下

向下即落地，但这种落地不同于社会大众所说的落地。

在我认为，落地是指一个人在意识提升之后，重新返回人间，以一种更为真实、自由的方式生活，而不是"现实主义"，一定要在现实世界达成什么，获得什么。

向内、向外、向上、向下四个方向，无所谓高低，并不是说向上提升意识很高级，而向下落地就很低级。向下落地和向外输出是大多数高度敏感者所欠缺的，同时这两个方向又是相互关联的。向外输出，首先需要向下落地，而向下落地也必然会带来向外输出。

要达成这一点，最大的阻碍就是对于向上方向的偏好。我们生命的发展方向和我们的意识有关，如果我们的意识更多地放在向上的方向上，也就没有办法顾及向下和向外的方向。而应对刻意向上这一偏好的最直接和有效的方式就是"回归中心"。

关于这本书的内容和大家简单介绍到这里。总之，这是一本让我大为惊叹的书籍。很开心这本书在国内出版。期待更多的人可以看到这本书，开启能量世界，重启惊叹人生。

（高敏感星球创始人神木 本书译者）

序

　　《能量的真相》一书以通俗易懂的方式揭示了能量的运作规律，将其从玄学领域拉回科学视野。中国古人其实早已洞悉这一真相，并将之运用于生活实践，比如传统的导引之术就完美诠释了本书强调的"能量跟随注意力"原理。

　　书中提出的"能量即物质"这一革命性观点，获得了现代科学实验的验证。美国思维科学研究所首席科学家迪恩·雷丁通过意识观测双缝干涉实验，确证了意识（注意力）对物质的直接影响。这一发现为理解身心关系提供了全新视角。

　　特别值得关注的是，本书为敏感人群提供了实用的成长指南。在充满各种能量影响的现代社会，学会识别、筛选能量场，建立个人能量防护系统，同时主动寻求滋养性环境，对提升生活品质至关重要。书中的清理、保护和提升能量的方法，本质上都是注意力运用的技巧，其效果与注意力的强度和质量直接相关。

　　《能量的真相》是一本生活指南。它帮助我们理解能量的基本规律，掌握能量的运用，实现个人成长与幸福生活的和谐统一。

疗愈师启蒙导师　泥巴

前言

起源

1975 年，我，卡比尔，经历了一次"能量爆发"。我参加了一个关于太极（气功）的工作坊，这个工作坊重点关注"气"，即生命力的能量。在这个过程中，我感觉有什么东西被唤醒了。接下来的三个星期，我的精神备感振奋。我住在山上，那是冬天，地上有雪，我穿着 T 恤走来走去。我感觉有能量在燃烧和溢出。三个星期后，这种经历的强度减弱了，但我的生活从此变得不同。一个全新的生活维度向我敞开了大门，许多变化也随之展开。

我开始觉察到能量的世界。在我体内和周围都有我以前不知道的强大的能量。这些能量不仅影响着我，而且以无数种方式塑造着我的生活，无论是好还是坏。

能量平衡

近 40 年后，通过践行"能量平衡"，能量更是成为我生命的核心。能量平衡是一种对于能量如何在人类能量场内以及我们自己与周围世界之间流动的理解。它植根于能量科学——能量疗愈和医学、能量心理学以及瑜伽和印度脉轮系统中所教授的能量灵性。

能量平衡的新颖之处在于我们可以将能量应用于日常生活。能量平衡教授能量技巧，以帮助我们保持平衡且居于中心，从而可以与人建立更好的联系，提高工作效率和意识水平。能量平衡的重点是：在我们所做的一切中创造能量意识，并培养能量技巧，最终使我们的生活变得更加美好。

能量平衡为我们提供了可以在日常生活中使用的有力的能量工具。能量平衡蕴含着丰富的能量科学，并且将这些能量科学转化为实际落地的行动方案。

本书的目标

我们的主要目标是让能量变得实用——教导能量技巧，使你的生活更美好。本书关注日常情况以及你在其中所感受的能量。

我们将探索能量的三个方面：

➤ 你自己的能量——你正在用你的能量做什么，如何让自己保持平衡，居于中心

➤ 行动中的能量——让生活变得更美好的能量技巧

➤ 关系中的能量——与他人互动的能量技巧

我们的另外一个目标是帮助你"了解能量"——从能量的角度来看待生活。本书介绍了令人难以置信的能量世界，以及它如何在你的生活中发挥作用。这个深刻的洞察会让你了解到影响你的强大力量，它揭示了你是谁，你为什么这样做，你的感觉和想法，以及为什么你的环境中会发生某些事情。

我们希望可以帮助你开启一段能量的旅程，带你前往一些不可思议的地方。"能量觉醒"为我们开辟了一条自我发展的道路，引领你走向一种全新的、不可思议的、神奇而强大的生活和存在方式。

更大的视角

能量平衡也是面对一个前所未有的重要现象的反映形式。越来越多的人开始感知到以前隐藏的能量世界。

在过去，虽然能量一直存在，但大多未被注意到，充其量被视为一种直觉或本能反应。只有少数人——巫医、神秘主义者和治疗师能感知到能量，但对于大多数人来说，这种感知能力几乎都处于休眠状态。

但在过去的 100 年里，这种情况正在发生根本性的变化。如今有数百万人开始探索能量，在人类现有的知识体系中，也出现了一个全新的能量分支——能量医学、能量心理学和能量灵性。这本书的更深层目的是帮助人们理解有关能量的新知识，并有意识地使用能量。

行动中的能量——体验维度

这本书邀请你通过了解能量来进一步提升自己的意识，从而更多地参与到世界的演变当中。我们发现，能量在唤醒意识和改善生活的过程中具有非常强大的影响力。我们热切地相信这项工作的意义。

你可以简单地阅读这本书，它会让你看到生活的另一个层面，你会觉得它很有趣，很有价值。然而，我们非常鼓励你进入能量世界，通过书中的练习，你会获得一个全然不同的意识体验。

你对能量的敏感性和使用能量的技巧，会随着练习不断地进步。一开始你可能会觉得什么都没有，或者只有微弱的感觉。但渐渐地，它会变得如此清晰，你会惊讶于自己以前怎么从来都没有注意到这些事情。

关于本书的写作

这本书是团队合作的结果。我们选择以团队的形式写作，原因有四个。首先，我们每个人都在书中贡献了自己独特的能量体验。其次，共同合作创造了一个比我们任何一个人都大的"团体空间"，这给本书带来了更多的能量。第三，能量平衡研究所是一个团队，我们想以整个团队的名义来完成这本书。最后，它更有趣。当一个团队真正同频时，团队合作是非常令人愉快的。我们互相为彼此赋能，同时也获得了非常具有高度的团体觉知。

能量是一个很大的主题。我们写这本书最大的挑战是需要放弃一些内容。我们开始倾向于把所有东西都放进一本书里，但这种体验会让读者不堪重负。于是，我们努力地删除和简化内容，从而让这本书变得更容易理解。最终，我们决定把这本书聚集到人类能量场这个领域。另一个重要的能量领域：能量中心，也就是脉轮，将会在以后的书中介绍。

我们试图尽可能准确地用图示来描绘能量；我们知道我们的插图充其量只有一半是准确的！我们说"一半准确"是因为这些图示只是对一个极其复杂的三维世界的简单表示，实际情况是不可能通过这些图示而做出完全准确的呈现的。

目录

第一部分

能量的世界与你

1 能量的世界

寻常，又非比寻常

卡比尔的故事：

我忧虑地坐在餐桌前。食物还没有上桌，我就已经紧张得不得了了。当我的母亲端着食物进入房间的时候，我的焦虑倍增，因为我知道食物会不够咸，她从来都不放足够多的盐。

实际上，这并不是盐的问题，而是我需要别人把盐递给我。盐在餐桌的另一头，我必须开口，大家都会因此而看我。

我的"问题"就是我非常害羞。在面对他人时，我的舌头会打结，会感觉到自己的五脏六腑都被扭成了一团，同时好像还有人在用双手紧勒我的脖子，使我无法呼吸。

在我说话的时候，我会感觉自己像是在一个巨大的空心鼓里，周边都在隆隆作响。我越是不敢开口，就越感觉糟糕。我开始自责："我怎么了？为什么我不能大声说话？每个人都认为我是个白痴。我真是太糟糕了。"

回首那个年轻的小男孩，我惊叹于过去的 40 年里，我作为工作坊带领者和公共演说家，一次又一次地站在人群面前。这是一个奇迹。我非常感激自己接触到了"能量和内在工作"。

> 我所经历的害羞实际上是一种"针对围绕在我周边的人所采取的保护机制"。

我的转变来自多个方面。

害羞是一种保护机制

首先，我开始明白了。我意识到当时我所经历的害羞实际上是一种我针对围绕在我周边的人所采取的保护机制。

这听起来可能有些奇怪，因为我来自一个"好"的家庭。我的家庭没有像酗酒或暴力这样的重大问题；我的父母受过教育，举止得体，有修养，而且是很温和的人；我的家庭氛围通常也是正面和积极的。

寻常的家庭晚餐
我们生活在一个熟悉的世界中。但是，即使是最寻常的情况，
从能量的角度来看，也不寻常

那么，为什么我会觉得自己需要保护呢？

因为"请求他人给我递盐"并不像听起来那么简单，这里暗流汹涌。不可避免地，我的哥哥会说一些嘲讽的话，比如："哦，他从来都觉得不够咸。"或者，我的父亲，他离盐最近，正在与他身边的人交谈，就会给我一个不悦的表情，因为我打扰了他。

这些听起来都不是什么大事，然而我似乎却把它们都当成了大问题。为什么会这样呢？

> 微妙的嘲笑和恼怒并不是小事情，它们是强大的能量，会直接影响到我的内心。

没有皮肤的保护

这是因为那些微妙的嘲笑和恼怒直接伤害到了我。我感觉自己就像失去了皮肤保护一样，他人的一个眼神就像发出的针刺，直接刺穿我的内心，而和他人的互动就像我不小心碰到了一棵长满尖刺的仙人掌。这些刺痛深深地扎进了我的内心，让我在数小时后仍然感觉到痛苦。与人打交道常常令我感到糟糕透顶。

当从能量的角度来看时，其实并不寻常
各种能量在人与人之间流动

当时的我对此无以言表，但是现在回首往事，我意识到那时候的我生活在恐惧当中。每个人对我来说似乎都充满了危险，他们满怀愤怒、批判、怨恨还有辛酸；每个人仿佛都被情绪的乌云所笼罩，充斥着痛苦、沮丧、亢奋和失望。

即使有人对我友善，我也无法真正感受到其温暖。譬如，我的母亲会对我说："为什么不再多吃一些蔬菜呢？我特意为你做的。它们非常健康，会让你长得又高又壮。"我可以感受到她的关心，但同时也更加强烈地感受到其他不确定的东西。

> 我生活在恐惧当中。每个人对我来说似乎都充满了危险，他们满怀愤怒、批判、怨恨还有辛酸，他们每个人仿佛都被情绪的乌云所笼罩，充斥着痛苦、沮丧、亢奋和失望。

随着岁月流逝，当我走上探索内心的道路，探寻给我带来各种困扰的根源时，我意识到在她的关心背后是她自己的恐惧。我的母亲生活在经济大萧条的时代，童年时期缺少食物，经常因营养不良而生病。她的童年创伤仍然存在于她的内心。尽管我们现在过着舒适的中产阶级生活，她的恐惧仍然渗透到了自己的母亲角色里，她总是担心东西不够用；在她提供食物的时候，她内心深处的焦虑交织到了言语当中，她惊慌失措的能量影响到了我。

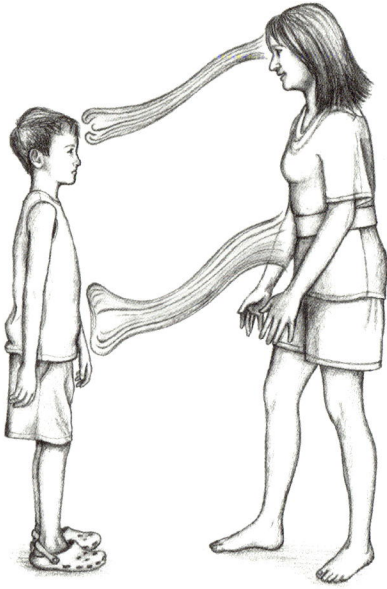

我母亲对我的关心中含有她自己的恐惧和焦虑

我逐渐明白，我的害羞是我学会的一种生存保护机制。如果他们看不到我，他们就伤害不到我。引起他人注意是危险的。

我的防御反应在很小的时候就开始了，防御方式是在身体里蜷缩成一个很紧很小的球。而当我不得不说话的时候，我的防御系统就会开始拉响警报，通过它唯一知道的方式：打结、紧张、窒息、自责、感觉被评判。

这真的让我很困惑。为什么我会受到这些人性暗流的影响？为什么我会感觉到如此痛苦和受到威胁？而其他人为什么不觉得有什么？我为什么要发展出这种极端的防御机制？

根本问题——敏感

随着我开始学习有关能量的知识，我意识到自己的真正"问题"不是害羞，而是敏感。我可以感受到一切，同时又没有很强的边界感，由此导致我在很多的互动中感觉到被侵犯、被羞辱、被利用和被错误对待。很少有人给我一种"清爽"的感觉。我和另一个人在一起感到安全的时刻，少得可以用一只手数得过来。

起初，我怀疑自己是否有一种偏执的倾向，让我看到了本不存在的黑暗；或者把一个微小的细节扭曲放大，将一个小土包当成了一座大山。

> 我真正的"问题"是敏感。我可以感受到一切。我意识到每个人都很敏感，都在痛苦中挣扎求生，他们做出让我痛苦的事情都是出于他们的保护机制。

当我环顾四周时，我发现多数人也很敏感，感受到了和我一样的痛苦，只是他们发展出了不同的应对机制。同样的情境下，我会退缩，而有人会变得具有攻击性，还有人会大声喧哗，再有人则会沉浸到自己的思绪中，与身体脱节。似乎每个人都在痛苦中挣扎求生。我逐渐意识到，即使是其他人所做的让我痛苦的事情，也主要是因为他们为了生存而采用的保护机制。

每个人都像被"云雾"所笼罩

我逐渐意识到，每个人都有一定的自我保护机制，就像被某些"云雾"所笼罩，这些"云雾"也使我们看不清彼此。这些"云雾"呈现各种不同的形状，例如飞镖、匕首、吸尘器吸盘和有毒云层。

常用的一些生存机制

每个人都对能量很敏感，都在为生存而挣扎。以下是我们常用的一些生存机制。

更奇怪的是，好像没有人注意到它，没有人谈论它。当我提到它时，人们看着我

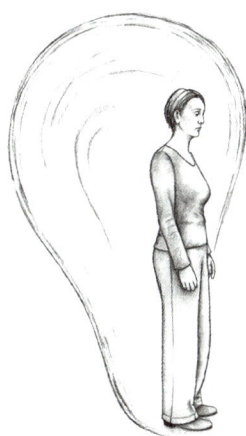

能量退缩到身体后方　　　　能量形成一面墙　　　　能量缩小和紧缩

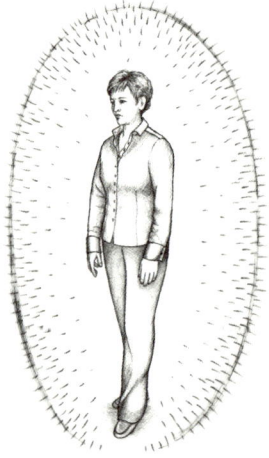

能量像是带刺的仙人掌

能量集中到头部

每个人都像被浓密的能量云所笼罩

好像我发疯了一样。也许我是疯了，就像生活在某个奇怪的科幻电影里，只有我才能看得见一些东西。

　　幸运的是，我发现我并不是唯一另类的人。我见了其他人，他们也在经历和我一样的事情。

这些每个人都带有却没有人注意到的能量到底是什么？我们为什么看不到它们？为什么它们对我们的影响如此之大？还有最重要的问题，我能做些什么呢？

我在能量的世界里醒来了。

能量

随着我进一步探索、阅读和与他人讨论，我了解到我看到的并不是什么新发现，而是在每个文化和时代都有过记载。几乎所有灵性的、神秘的和疗愈的知识体系里都谈论过能量，它是神秘主义者、僧侣、冥想者和疗愈师所关注的核心内容。

当我剥去不同的文化背景下不同的包装之后，共同的线索指向了存在于我们内心和周边世界的一个强有力的能量世界。虽然我们眼睛看不到，一般的意识也无法察觉，但是它却强烈地影响着我们。通过探索和研究，我们可以对此有所觉察，可以跟这个能量世界合作，从而彻底改变我们的生活。我开始意识到，我们之前所谓的神秘体验、意识状态的改变和灵性觉醒，都是人类感知到这个微妙的世界，然后通过各种方法来让自己产生了转变。

这真是太棒了，我属于一个很棒的团体。但是有一个问题，我不想成为一个神秘主义者或者巫师，我只想在人们身边感觉良好、自在，能够进行一次像样的对话，而不是经常陷入窘境。在新世纪，我需要这些伟大的灵性洞见可以在现实生活中落地，我需要它能够帮助我顺畅地进行一场工作会议或者一次和他人的对话。

能量意识——魔法钥匙

于是我开始了最不可思议的冒险。起初，我只是学着在当前的情况下求生存，但这段旅程变得越来越超乎想象，它不再是仅仅有关于生存，而是让我在这个能量的神奇世界里快速成长。我所抓住的一条细线，原来是来自一个巨大的毛线球。我的内在，我们每个人的内在，都是令人惊叹的。

我不仅偶然发现了能量世界，还认识到这个能量世界里存在着多种多样的能量！虽然在一开始我努力应对着负面的能量，但我慢慢认识到我们每个人内心都拥有难以置信的、正向的、振奋人心的能量。意识到能量的存在为我们提供了一把开启喜悦、丰盛、创造力和爱的钥匙。

那么，如何用这把钥匙来解锁呢？

第一，"了解能量"本身就很惊人，单是了解并且学着从能量的角度来看事情，你就能明了，在这个汹涌的能量海洋世界里，你这艘小船是如何被各种能量所影响的。

第二，你开始更加关注能量，你对能量的感知能力也会越来越强。你会注意到你之前从没注意到的细微差别。你对能量的觉察也会越来越清晰，就像是在眼睛里装载了一台 X 线摄像机，你能清楚地觉察到自身所处的各种状况。

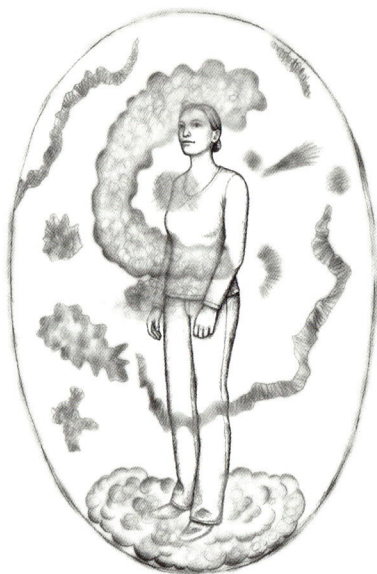

我看到了笼罩着我们的乌烟瘴气

乌烟瘴气

能量是一把神奇的钥匙，一旦拥有了这把钥匙，你就有可能完全改变你的人生

……我们的核心是金色的发光体

金色的发光体

能量技巧
在生活中运用能量

第三，"运用"能量将赋予你全新的技能，以更健康的方式来面对生活。它将帮助你在人际关系中获得更大的满足感，在生活的各个方面保持平衡、专注和"走上正轨"。

居于中心
当你保持平衡和一致时，生活会变得更顺利

第四，经由学习运用能量，你会找到"中心"，在这里"中心"是指你的能量保持平衡和一致。在生活节奏日益加快的今天，我们需要应对压力重重的客户、困难的情境以及"正常但疯狂"的生活，能够居于"中心"是难能可贵的。当居于"中心"状态时，这个"中心"就会成为我们全新生活状态的基础。

你是一个能量体
接通我们内在蕴含的强大能量

第五，你的思维会更加清晰，能量会更加充沛，行动会更加直接且有活力。你会意识到自己的力量，以及可以利用的巨大潜能。

发挥潜力
成为你知道自己可以成为的人

第六，我们是无限的生命体，我们在创造、意识、爱和力量方面拥有巨大潜力。

最终，感知和运用能量会为我们开启一段重要的自我发现之旅。它会开启一条内在成长之路，日常生活则成为你的训练场所；它将帮助你成为你一直以来知道自己可以成为的人，并帮助所有人创造一个我们引以为荣的健康和成熟的新世界。

2 你对能量的敏感度

开始觉察到能量

这本书的目标是帮助你展现"你本来就是"美好的你自己，为了达成这一目标，第一步就是要帮助你"掌控能量"。

这需要三个步骤，第一步是了解能量，第二步是发展你对能量的敏感度，第三步是有意识地运用能量。

这其中最重要的一点是其实你已经对能量很敏感了，只是我们大多数人都不知道而已。你正在感受到无数的能量——只是大部分感受都没有上升到意识层面。

现在，你可能会想："这怎么可能？如果有这么重大的事情正在发生，我怎么可能没有注意到呢？"

好吧，问问你自己：你的身体里有多少事情是你没有注意到的呢？数以百万计、数以十亿计的程序正在运行，但除非它们达到引起你注意的临界水平（通常是痛苦），否则你根本就不会注意到它们。

我们通常看到的
我们的大脑习惯于感知某个已知频谱的事物，就好像我们戴着一副只允许我们看到一定的范围的眼镜

或者这样想：你生活在一个被称为"地球"的巨大的球体上，附近有一个名为"月球"的天体。月有阴晴圆缺，引发了地球海洋中的巨大潮汐运动。再往远一点，有一个巨大的火球——太阳，不时喷发磁暴，将数十亿吨的宇宙物质向你所在的方向抛射。所有这些都在影响着你。这些强大的力量会影响你的情绪、思维、生物钟和能量；然而大部分时间你几乎都没有注意到它们。

这告诉我们，我们的觉察非常有限；我们的意识只能觉察到周围所发生的事情的很小的一部分；我们只能感知到能量频谱中的一个小的区域；但是，我们没有意识到的其余部分仍然存在并影响着我们。

所以，你是否能够变得更加有意识地觉察能量呢？答案绝对是肯定的。因为这不是要变得更敏感，而是要变得更加警觉于你已经存在的敏感度。

想象你是一名学习艺术的学生，对颜色特别在意。你的眼睛可以看到的可见光的范围很广，也可以看到很多颜色的细微变化。随着你的学习，你会开始注意到白色有很多种明暗变化，蓝色天空也包含了各种各样的蓝，而太阳的光在日出、正午和日落时也是非常不同的。

作为一名学习艺术的学生，你并不是在重新培养对光的敏感度，而是变得对你已经拥有但之前没有注意到的敏感度有所觉察。

真实的情形
当我们变得警觉并且摘下"眼镜"，一个全新的世界就会开启。
我们会觉察到在我们身体之内以及之外的各种能量

能量原则 1：
人体的能量场是一根天线

人体的能量场就像最灵敏的天线。

你已经能够敏锐地感知到能量

实际上，你已经对能量非常敏感了。人类的能量场是一个灵敏的天线，可以接收范围广泛的振动频率。你只是没有注意到它。只有当它达到一定程度的"响度"，也许是痛苦或快乐，它才会引起你的注意。

但是，你没有注意到能量，并不意味着能量没有注意到你。能量以无数种方式在影响着你。正如上一章提到的，能量在许多方面，都是塑造你的感受、思想、行为和人际互动的主要力量。

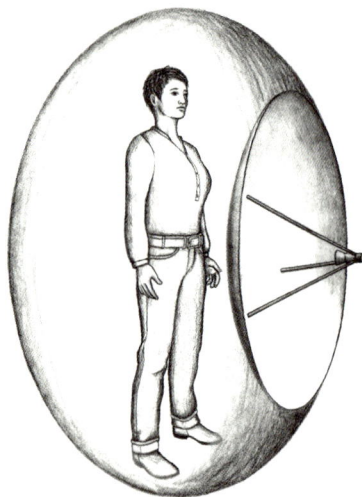

人体的能量场是非常敏感的天线
我们可以把人体的能量场比喻成非常敏感、能够接收大量能量的卫星天线

那么，如何才能更多地觉察能量呢？

这本书的每一节都是在谈论如何觉察能量的某一面。虽然我们关注的是实际生活中的能量，以及如何可以利用能量来使你的生活变得更美好，但从根本上说，这需要你对于能量有更多的觉察，同时对于能量原则有所了解。

当你了解了能量，你就会开始识别出能量的存在。之前你会感觉到什么，或者处于一种正在发生某些事情的情境中，但你并没有真正注意到那里正在发生的能量现象。现在你开始以一种全新的方式来关注这些事物。

你开始注意到细微的感觉和感知。你注意到你的肠胃什么时候会不通畅，或者你和另一个人之间有个东西打开或关闭的时候，在内心里，你就会突然意识到这些事情。

你会对自己说，"啊哈，刚刚有个能量现象发生了，所以我才会有这种感觉，这也是这个事情发生的原因"。了解能量会让你注意到能量。了解能量会加深你对于能量的感知，而对于能量的感知力越来越强，也会让你更多地了解能量。

培养能量觉察的方法有很多。本书中的所有练习，虽然都侧重于运用能量，但从根本上都会帮助你觉察能量。在本书的开头，我们会向你介绍一些重要的能量原则，这些原则将贯穿后面所有的章节。

能量觉察的重要原则

1. 感觉你的感觉

你一直在感受能量。你只是没有意识到你正在感受它。因此，能量觉察的第一个关键就是注意你的感觉。现在，你可以在以下简单的觉察练习中尝试一下。

练习 2.1

觉察你自己，你现在是什么感觉？放松还是紧张？僵硬还是柔软？能量是低还是高？接受还是给予？这些形容性的字眼都是为了帮助你觉察到你自己的感觉，你可以用你自己的语言，不必在意是形容身体、情绪或是能量的词汇，这三者本来就是相互关联的。你只需要觉察自己的感觉就好。

2. 感觉是有位置的

练习 2.2

接下来，注意觉察是身体哪个部位有感觉。有时是全身都有。通常是在某个特定部位。你可能会觉得心脏部位有温暖的感觉，或者觉得太阳神经丛（心窝处）有打开的感觉。你可能会注意到肩膀收紧，或者腹部有模糊的感觉。令人惊讶的是，我们可以在身体／能量场的不同部位感受到多种不同的感觉。

觉察自己的内在，觉察自己现在是什么感觉

3. 注意你的手和身体

你有没有注意到，人们在说话时会经常做出一些手势？他们的手就是在展现他们的能量状态。你现在可以做一个小实验来发现这一点。

练习 2.3

想一件对你来说带有某些情绪的事情，无论是快乐还是悲伤、好还是坏的事情，只要能让你情绪激动就好。现在，成为意大利人！没错——意大利人说话时会带有大量的手势。想象一下你是一个意大利人，大声说出这件事情，当你这样做的时候，同时让你的手来表达你的感受。

现在渐渐地把动作放慢。说同样的话语，做同样的手势，但要特别注意你的手在做什么。你的手反映出你当下的能量状态。

你身体的其他部位也是如此，尽管并不像手那么明显。注意你自己的身体姿态，注意你坐着或站着的样子，注意你的身体在反映什么。你的身体反映了你的能量状态。

4. 思考能量——问自己"现在是怎样的一种能量状态？"

练习 2.4

问自己一个问题："现在是怎样的一种能量状态？"能量随时都在起作用。你可以随时问自己，特别是在情绪强烈和进行社交互动的时候。你可能会惊讶于自己其实知道，但你并不知道"你知道"。

当我们在做能量训练时，我们询问新学员一些具体的问题，他们可以清楚地描述出自己的能量状态。

我们的手会说出能量的语言

当我们说话并做出手势时，我们的手就在展现当下的能量状态

本书中的每个练习都偏重于能量的某个方面。我们从自己阅读"练习"类型书籍的经历中知道，实际上大多数人并不会做这些练习，我们也曾经讨论过这本书是否要包括许多练习。但是，我们觉得这些练习是不同的。一旦你了解发生了哪些能量现象，以及你可以如何应对，你将会对于生活中的变化一直带有一份警觉。当事情发生时，

你几乎可以自动地应用你读过的能量技巧来处理。因此，无论你是否做每个练习，我们都鼓励你至少阅读它们，因为这些将成为你生活技能的一部分。

对能量敏感所带来的礼物和挑战

随着你对能量越发敏感，你会觉察到更大范围的能量：从一些非常轻盈、令人振奋和鼓舞的能量，到其他更黑暗、同时带来挑战的能量。

"能量平衡"探索所有的生命能量，尤其是较高频率的能量，这些能量会给我们带来喜悦和安乐。令人惊喜的是，我们蕴含着能够给我们带来难以置信的"振奋"和"提升"的能量。我们的生命最大的喜悦之一就是进入并生活在这些更高振动频率的能量中，我们称之为"被光所笼罩"，因为当我们用内在之眼看到这些能量时，它们呈现的是明亮的光。

为了"被光所笼罩"，我们必须先处理那些并不是很明亮的能量。我们在日常生活中所面对的能量通常都是更加稠密和充满挑战的。我们希望可以告诉你，"只要你对能量变得敏感，你就会感受到生活是美好的。"但事实是，你要面对许多会给你带来不利影响的稠密的、充满挑战的能量。这些能量来自人、机器、电子设备及你自己。学会识别并以适当的方式来处理这些能量是很重要的一项能量技能。接下来，我们将从最基本的技能谈起，我们称之为"能量除尘"。

能量碎屑
来自外界的杂乱能量充斥着你的能量场

3 清理你的能量场

能量碎屑

除非你在过去的一周一直待在大自然里某些风景秀丽的地方，否则你的能量场中就会充满了"能量碎屑"。所谓"能量碎屑"指的是能量残留物；既包括你自己和他人的情绪和思维残留，也包括来自机器、手机、电脑等各种杂乱的能量。

要更好地理解"能量碎屑"，可以想象一件漂亮的木制家具被放置在一个空房间里，逐渐积累了一层灰尘。人的能量场与这个非常相像，也会积累能量"灰尘"，慢慢地就会被堵塞，不能再正常地流动。

我们居住并管理着加勒比海的一个疗养中心。这里的环境非常干净和宁静，你只会听到微风声和海浪声。大自然保持着原始和未受干扰的状态。

一位来自纽约的客人来到这里。他看起来很不自在，说："这里的环境太安静平和了，有点儿令人不安。我感到自己内心很嘈杂，很淤堵。"

他确实感知到了困扰。因为在如此安静的环境中，没有了往常的干扰，他开始觉察到自己的内心状态。然后他说："我需要到海里去。我需要做点事情来清理自己。我觉得我需要洗净自己。"

他的经历是一个受"能量碎屑"影响的案例。他并没有忙于处理特定的情感或问题，只是毫无来由地感到堵塞、呆滞、混乱和模糊。

他的经历是很典型的。很多客人初来此地时，通常会感到不自在。他们经常需要通过四处兜风、计划旅行等方式分散注意力，回避自己内心的感觉。然而，几天过后，大自然和海洋的力量开始慢慢清理人们内心的"能量碎屑"，同时也缓解了他们的紧张情绪。他们开始更多地待在海滩上，只是悠闲地待着，不做特定的事情。他们变得松弛，压力越来越小，也开始重新为自己充电。你实际上能看到他们变得更加清晰、轻盈和明亮。

即使人们来自小镇，或者生活在农村，拥有更为宁静和简单的生活方式，他们仍然携带着"能量碎屑"。这些"能量碎屑"来自我们环境的各个角落，也来自我们自身。与他人的每一次互动，我们接触的每一台机器，甚至我们的每一份思想和情感，所有这些都在我们的能量场中遗留下了"能量碎屑"。

一个可以体验"能量碎屑"的实验

练习 3.1：体验"能量碎屑"

1. 感受一个充斥着不健康和"杂乱"能量的情境

为了让你真正体验"能量碎屑"，回想一下在过去几个小时内，你所在的地方，感觉有哪里的能量是不干净、不清晰、不流畅和令人低落的。也许就是你现在所在的地方？或者你刚刚进行过的对话，或者最近进入的商店、汽车或建筑物？

充满"不健康"能量的环境

2. 感受潜在的能量

在你的脑海中，试着想象那个地方的能量品质。也许充满了紧张和潜在的各种情绪，或者可能有许多不同的人、物和事正在发生，又或是充满了不和谐、不协调的能量。当你想象这个状态时，请留意你身体中的感觉。你不仅仅是要在脑海中想象这个画面，更要去感知与这个画面伴随而来的身体感觉。

3. 感受一个带有健康和洁净能量的情境

为了让你更好地体验，我们将进行一个对比：现在想象你在大自然里一个美丽、干净的地方；清新的空气，生机勃勃的植物，一切都处于纯净状态。那里有一种宁静和平静，同时又令人感到振奋。再次注意一下你身体的感觉。这个自然的环境会使你的身体产生特别的感受。

带有健康和洁净能量的环境

4. 来回切换感受其差异

我们感受了两个场景，现在尝试来回切换它们。先让自己沉浸在第一个场景中，然后是第二个场景。重复这两个场景几次。每次来回切换时，留意一下你身体的感受。可能需要一点时间才能感知到这些感受，因为它们可能很微妙，但它们会出现的。第一个场景，那个充满"能量碎屑"的环境，让你感觉如何？美丽的大自然的场景又会让你有什么样的感受呢？

你所体验到的就是"能量碎屑"对你能量场的影响。这些"能量碎屑"会阻塞你的能量场。从能量上看，你的能量场会变得混浊；你的能量会下降，变得光芒黯淡、振动减弱，随之便会被阻塞。这些"能量碎屑"对你没有任何益处！

能量的定义

接下来我们将开始学习使用"能量平衡"来清理"能量碎屑"。在此之前，我们想简单谈谈"能量碎屑"究竟是什么。在对其有了理解之后，清理过程就会变得更加容易。

我们从本书的开头就一直在使用"能量"这个词。那我们先明确阐述一下能量到底是什么。

想象一条在海洋中游动的鱼。到处都是水。不仅仅是鱼的外部环境中有水，鱼的身体内部也充满了水。当鱼呼吸的时候，水在鱼鳃中进进出出。水就像血液一样在鱼的身体里流动。鱼的细胞的主要成分也是水。鱼和海洋是彼此紧密联系的。

海洋的这个例子与我们所说的能量有很多相似之处。有一种贯穿一切的基础结构，它是所有事物都在其中游动的"海洋"，是构成一切的"存在之海"。我们称之为"能量"。

能量原则 2：
能量——贯穿一切的精微结构

我们所说的"能量"指的是存在于我们身体内部以及在我们与他人之间流动的微妙的力量。

当我们在这本书中提到能量时，我们指的是这种结构，同时也指的是它的特定方面——那些影响我们作为人类的能量。能量不仅仅是物理学中通常描述的那些电磁力、原子、亚原子粒子等，还包括生命的能量。每一个生物都是这个结构的一部分。生命能量（存在于你、我和动植物中的生命活力）也是存在的结构之一。

能量原则 3：
能量即物质

我们的思想、情感甚至生命能量都是物质。

思想是物质
每一个想法都是存在于能量场中的物质，
以我们称之为"思想"的频率振动

这里还有一个更为重要的理解：生命的基础结构是一种物质。就像海洋中的水是一种物质一样，这个基础结构也是一种物质。这有着巨大的含义。这意味着我们的思想是一种物质，我们的情感是一种物质，我们的爱是一种物质，我们最崇高的愿望是一种物质，我们的生命力本身就是一种物质。

看一下左图——一个人在思考，这很常见。我们能够识别出这张图，是因为这个视觉表现传达了关于能量更深层的真相：思想实际上是一种物质。这个人创造了一种以我们称之为"思想"的频率振动的物质。

神秘主义者认为生命的物质，也就是我们的生命能量比我们的身体要大得多。这通常被

高频振动

高频振动的能量可以让我们感
到快乐，表现为爱、创造力、
灵感等

低频和沉重的振动

低频率的能量会让我们感到沉
重，并有可能带来伤害

称为"气场"，它向身体的四周延伸大约 1 米，上身周围的范围更大，下身周围的范围略小，使得整个气场的形状大致看起来像一个倒置的鸡蛋。

能量原则 4：
一切都是振动

不仅是物质，连生命能量、思想和情感都是能量的不同频率的振动形式。

在气场中，能量以许多不同的振动频率流动。一些能量以我们所称的情感频率振动，一些以我们所称的思想频率振动，一些以我们称之为灵感、天赋或开悟的超高频率振动，还有一些以我们所称的悲伤或愤怒的频率振动。有些思想和情感被视为是负面的，因为它们的振动具有破坏性，对我们有害；而另一些则被认为是正面的，因为它们的振动提升生命力，鼓舞人心。所有这些都是在不同振动水平上的物质。

清理的方法

现在我们来把对振动的理解应用到我们在加勒比地区迎接客人时发生的事情上。他携带了很多来自城市的物质，这些是以特定频率振动的能量物质。

他能为此做些什么呢？

他可以将这些物质从自己身上清理掉。

如果这些物质可以被放入，就可以被取出，我们称之为清理。清理是从我们的能量场中清掉不需要的能量的过程。

> **定义：清理**
> 清理是从我们的能量场中清掉不需要的能量的过程。

在进行清理之前，我们想说一下，意识到我们携带"能量碎屑"并且这些"能量碎屑"不是我们自己，这个认知已经是非常宝贵的了。我们所感受到的许多情绪其实并不是我们自己的情绪！

意识到自己携带"能量碎屑"已经是非常宝贵的了

年轻时，我，卡比尔，和别人在一起时，常常感到很奇怪，认为是自己出了问题。我吸收了别人身上各种各样的能量，但却不自知，这些"能量碎屑"让我感到不安，并进一步形成了困扰，我将这些问题归结为自己有问题。我后来意识到，许多"问题"是因为我携带的"能量碎屑"产生的，这真是很宝贵的领悟！我并没有问题！

这个领悟让我内心平静了很多，也让我感觉更加良好。对于这件事情，我找到了自己的应对方法。而正因为我可以处理这件事情，也让我重新找回了自信。

大多数人并不知道自己携带着"能量碎屑"，也没有办法去清理它。他们只能以无意识的方式来处理，这虽然会减轻不适，但并未从根本上解决问题。因为"能量碎屑"让人不舒服，我们做各种事情来分散自己的注意力。我们看电视，吃东西，上网，听音乐，到别处去，喝酒……所有这些都是为了转移自己的注意力，让自己感受不到那些杂乱的情绪。

这些虽然在一定程度上减轻了不适，但并没有触及问题的根本。这些"能量碎屑"仍然停留在我们内心，一层层堆积，导致更多的不适。事实上，仅仅是分散我们的注意力，而不是积极处理这些"能量碎屑"，日积月累就会导致更大的问题。

你还有另一个选择：如果你携带着"能量碎屑"并且感觉不好，那就把它清理出去吧！

那么，让我们开始"能量平衡"之旅，学习如何清理这些"能量碎屑"。有许多方法可以做到这一点。我们现在从最基础的方法开始，引入能量的一些原则。以后我们会补充讲解一些更高阶的方法。

感知与意图

我们需要先感知能量，然后再引导能量。在一开始我们可以通过想象力来将能量可视化。我们称之为设定"意图"。你一旦设定了能量的移动意图，就会在身体上感知到它正在这样做。这并不是想象出来的。之所以有这种感觉，是因为你真的已经开始在移动能量。

能量原则 5：
能量跟随注意力
你的注意力在哪里，能量就会流向哪里。

能量工作的基本原则之一就是"能量跟随思想"——你的思想会移动能量。换句话说："你的注意力在哪里，能量就会流向哪里。"

练习 3.2：体验能量跟随意识而流动

有一个简单的小实验可以验证这一点：

1. 双手放在你面前，**手掌朝上**。手可以放在你的膝盖上、椅子扶手上，或者就是简单地以一个放松的姿势伸展在面前。

2. 现在只专注于其中一只手的手掌，无论哪只手都可以。只需把你的注意力放在那里。不要试图做或改变任何事情；只是把你的注意力放在那里。持续一分钟。

3. 现在注意一下，你专注的那只手感觉是否与另一只手有所不同？几乎每个做这个实验的人都会注意到明显的差异。能量跟随注意力而移动。

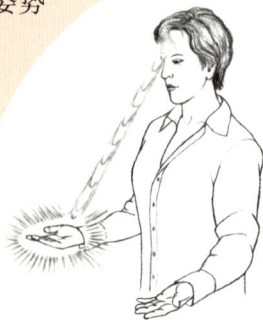

双手觉察练习
第一部分：能量
跟随思想

再来做一个简单的练习：

1. 把你的双手放在面前，手掌相对，相隔大约 30 厘米。注意一下手掌的感觉。

2. 现在慢慢将它们靠近。靠近到只有 2.5 厘米的距离但不要让手掌碰触。

3. 然后慢慢分开，使双手相距约 60 厘米。

4. 然后慢慢靠拢，再分开，改变距离，注意在这个过程中的感觉。

双手觉察练习
第二部分：手掌相对，
聚集能量

你正在体验能量。你手掌之间的感觉就是你的手所发出的能量在流动。对于一些人来说，这种感觉可能非常细微，几乎察觉不到。而对于另一些人来说，可能会感觉非常明显。你甚至可能会注意到你的手掌在变热或变冷，开始出汗或出现红斑。这些都是能量流动变得更加活跃的结果。

清理能量场

现在让我们开始清理能量场。我们想提醒你要倾听并相信自己的直觉。如果你的手感觉需要在某个区域多停留一会儿，那就多待一会儿。如果某些能量碎屑需要更剧烈的动作，就使用更剧烈的动作。对于某些区域，你可能感觉需要更快地移动双手。但总的来说，我们建议你慢慢地移动手部，这样你可以随着呼吸进行，并且可以集中注意力。在整个练习过程中，请注意深呼吸，这样清理和释放会更有效，特别要注意呼气。

练习 3.3：给你的能量场除尘

1. 将能量蓄满双手

快速地搓揉你的手掌，就像你在用肥皂清洁手掌一样。然后将手掌分开几厘米。留意手掌之间的能量流动。重复这个动作三次。

2. 设定意图

设定意图：通过你双手流动的能量将会清理和净化你的能量场。你也可以肯定地说（在内心默念或大声地说出来）："强大的净化能量正在我的双手之间流动。它会清理能量碎屑。"

3. 清理前方的能量场

运用你的想象力，你仿佛能"看见"堵塞你能量场的"尘埃"。**双手掌朝外**，慢慢地用双手将"尘埃"推离能量场，同时吐气。想象自己清除了"尘埃"和"能量碎屑"。

将能量蓄满双手

4. 清理头部与肩部的能量场

现在你已经清理了身体前部，把你的手移到头部的两侧和顶部。想象清除你头脑中的心理能量碎屑；扫掉那堆没有必要的思绪。

5. 清理两侧与背部的能量场

双手从你的头部缓慢向下移动。清理你身体的两侧，然后是身体的后方。对于手臂无法触及的地方（如你后背中间），

清理能量场

只需想象从你的手延伸出能量去帮助完成清理。

6. 清理腿部和双脚的能量场

现在用你的手清理你的腿部和双脚。能量碎屑往往会在这里积聚并变得越来越稠密。你也可以摇动腿和脚来帮助清理。

7. 甩动双手

能量碎屑可能会附着在你的手上。不时地摇动你的手来清除这些能量碎屑。伸直手臂，远离身体摇动。不要把这些东西甩向其他人！

甩动双手，清除能量碎屑

8. 结束：呼吸并留意有什么改变

结束时，站立，放松手臂，双脚与肩同宽。深吸几口气，释放任何剩余的能量碎屑。感受你的身体和身体周围的区域。你可能会感觉更轻盈或更明亮。也许你能更轻松地呼吸，或者感到更放松或更有活力。你可能会发现你的思维更清晰，你的感知更加敏锐。

快速参考要点：

1. 将能量蓄满双手
2. 设定意图
3. 清理前方的能量场
4. 清理头部与肩部的能量场
5. 清理两侧与背部的能量场
6. 清理腿部和双脚的能量场
7. 甩动双手
8. 结束：呼吸并留意有什么改变

你刚刚利用双手流动的能量来清除了能量场中的尘埃，清理了一直困扰你的能量碎屑。当我们清理完这些能量碎屑，许多事情都会发生变化。如果你没注意到任何变化，不用担心，并不是你清理得不好，或者清理没有效果，只是需要一点时间来对能量变得敏感，并对自己的思绪和感受的微妙差异保持警觉。多练习一下吧，结果会让你感到惊讶。

★ ★ ★ ★ ★

通过清除"尘埃"，你清理了我们可以称之为第一层的能量碎屑，这些能量碎屑每天都在累积，和他人的每一次对话也都在累积。因此，这需要我们每天甚至一天多次进行清理。

或许你会产生这样的疑问："由于我现在才学会清理这些尘埃，而且之前并没有这样清理过，它是不是像一个关闭了二十年的老房子一样，尘埃层层叠叠地堆积在一起？"

对于这个问题，答案既是肯定的，也是否定的。肯定的是，这些尘埃确实在那里已经有很长时间了，而且我们几乎总是被这些尘埃所覆盖，很少处于清晰和清洁的状态。否定的是，我们日常生活中会有一些行为有助于清理这些东西，使其不会堆积到难以忍受的程度。

例如，洗澡不仅清洁身体，还有助于清理你的能量场。在大自然中——呼吸新鲜空气、感受阳光，也能清理一些能量碎屑。去健身房好好锻炼也有助于清除一些能量碎屑。许多日常活动都有助于保持我们的能量场清洁。也就是说，我们在积累能量碎屑的同时也在清理能量碎屑。

这些日常活动都很棒，我们鼓励你找到适合你的活动。但是很重要的，要用你的手去清理能量场。这种有意识地清理具有强大的力量且非常有效，这在日常活动里是根本无法做到的。

但即便如此，仍然不是所有的能量碎屑都会被清理干净。

黏稠物——更浓厚的能量碎屑

在我们身上还有另一种需要清理的能量碎屑。

这种能量碎屑更为强大。它更有实质，并对你产生更强烈的影响。这些东西以更强大的方式附着在你的能量场的实质中。这就是来自他人的强烈情感、思想和能量所释放的能量碎屑。

回到我们那个"积满了灰尘的家具"的比喻。想象有人在美丽的木桌上进餐时溅出食物。现在桌子上留下一大块污渍，需要清理。这种黏稠物与灰尘不同。灰尘是普遍的、无处不在的一层薄薄的膜，黏稠物更加浓厚，更有实质，并且会留在特定的位置。黏稠物的影响力也更大。灰尘只是堆积并通常让事物变得模糊，黏稠物却会玷污桌子，深入渗透并造成更持久的伤害。黏稠物可能会造成严重破坏。

我（卡比尔）遇到了一个朋友，安东尼奥，我们停下来聊了几分钟。我看得出他很不开心。当我问他怎么了时，他犹豫了一下，然后嘟囔着说他刚和女友桑迪大吵了一架。

安东尼奥是意大利人，对他来说拥有家庭和孩子非常重要。但桑迪并不确定自己是否已经准备好要孩子，至少现在还没有。他们的恋爱关系刚刚开始，并且桑迪还面临着许多人生变动。她想要花时间来感受自己，站稳脚跟，并找到自己的新方向。她并不是拒绝要孩子，只是想要依据自己的时间来做决定。

安东尼奥感到很急迫。桑迪已经四十岁了，这让他感到担忧，害怕他们会错过这个机会。在我们交谈时，我看得出这种紧迫感就像一种透镜，让他错误解读了桑迪的回应。他把她的犹豫不决解读为拒绝，感到受伤，并推断她并不是真的爱他，也没有对这

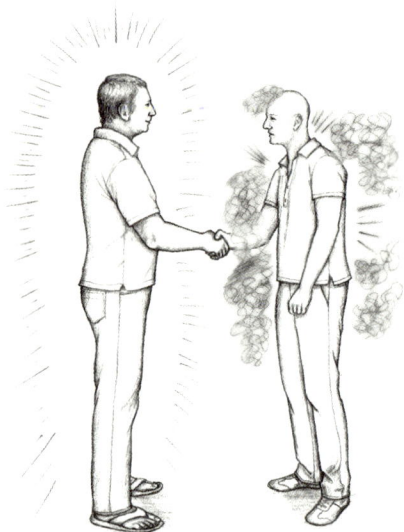

卡比尔和安东尼奥相遇。安东尼奥心情沮丧，而卡比尔则轻松自在

安东尼奥倾吐情绪，将负面能量倾泻到了卡比尔的身上

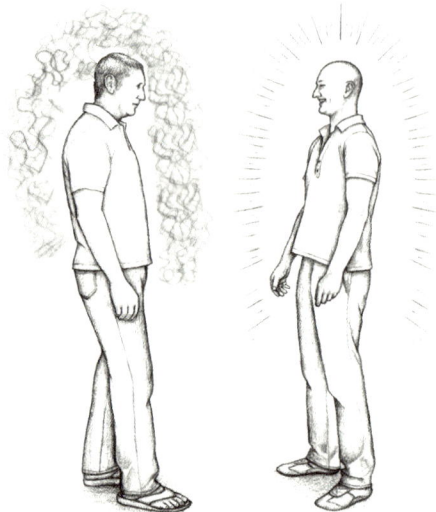

卡比尔现在携带了安东尼奥倾泻出来的能量。安东尼奥感觉好多了

段关系有所承诺。

在我们短暂的交谈中，安东尼奥内心深藏的愤怒、指责、恐惧、伤痛等情绪喷薄而出。

我能感同身受安东尼奥的痛苦。我的内心也因他的痛苦而感到难过。但我也感受到了其他东西。我感到非常糟糕！坦率地说，我感觉自己好像被呕吐物弄脏了一样。他的挫折、痛苦和愤怒在我的身体里产生了共鸣。我知道这些情绪不是我的。在与他相遇前的那一刻，我并没有这种感觉，它也没有触发我的情绪；孩子和稳定的关系并不是我的问题。我身上背负着刚刚被吐出来的一堆能量碎屑。

能量原则 6：能量转移
能量可以在人、地点和物体之间转移。

能量从一个人传递给另一个人是非常真实的。如果一个人带有积极向上的能量，这种能量会传递给你，提升你的精神状态，激发你的能量场。想象一下一个爱你并尊重你的人。也许你以前从未这样想过，他们的积极态度不仅仅是一种信任或情感；他们也在向你传递积极能量，正是这种积极能量给你的身心带来了愉悦的感觉。

传递爱或积极能量的人

但当别人向你传递的是混乱的能量时，这些能量也会让你感到混乱。它不仅令人不悦，而且实际上也很可能是有害的。想象一下往车子引擎里扔一把泥土。对你的能量系统来说，情况也是类似的。混乱和负面的能量就像扔进你车子引擎里的泥土，会打乱你的平衡，激化你的情绪，阻塞你的系统，并迷惑你的头脑。

安东尼奥携带着许多混乱的情绪。在与我分享时，他将这些情绪不知不觉地倾泻到了我的能量场中。

他之后确实感觉好了很多，他不再背负那么多的混乱能量。但我感觉很糟糕。我需要把它清理出去。

这个清理方法与清理能量场中的尘埃的方法不同。我们将称其为"挖出黏稠物"。

练习 3.4：挖出黏稠物

1. **设定意图**

   双手搓热，然后设定意图：清除并释放能量场中的黏稠物。

2. **感知黏稠物**

   感知你的能量系统，同时感知这些黏稠物所处的位置。

3. **挖出黏稠物**

   把你的双手放到这个区域，像一个铲子一样开始"挖掘"：缓慢地从内向外移动你的手，再把能量向外送出。当你的手离开身体更远时（或当你感觉手已经被充满时），甩除这些黏稠物。

4. **运用你的想象力**

   你可以想象那里的能量就像粥一样，你把它们从你的能量系统里舀出来。

5. **甩除黏稠物**

   不时甩手并深呼吸，清除这些更厚实的能量碎屑。

6. **完成**

   站在那里，放松你的手臂，双脚与肩同宽。做几个深呼吸，特别留意刚刚清理的区域有什么感觉。

挖出黏稠物

快速参考要点：

1. 设定意图
2. 感知黏稠物
3. 挖出黏稠物
4. 运用你的想象力
5. 甩除黏稠物
6. 结束

洋葱

现在我们已经学会了清理能量场中的尘埃和挖出黏稠物，这里还有我们需要处理的更深层次的"能量碎屑"。

能量场是有层次的

一个人就像一个洋葱，由许多层构成。

你的能量场有不同的层次，就像洋葱一样。外层保留了更表面和浅层的感受和思维；更深的层次则包含了更强烈和重要的感受和思维。

每天积累的碎屑以及像与安东尼奥交谈产生的影响更多地体现在外层。这些层次相对比较容易清理。我们之前介绍的清理能量的方法，在这里效果很好。

而更深层次的清理更为复杂，需要更多的认知和技巧来实现。年轻时，你经历

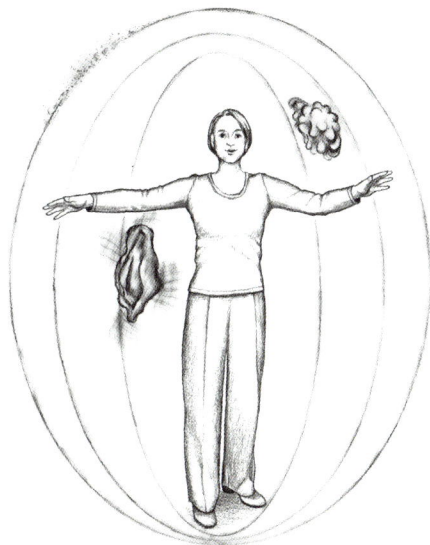

能量场像洋葱一样具有层次
能量碎屑累积在能量场的不
同层次

金色存有
在我们的本质中，每个人都
是难以置信的明亮

了许多强烈的情绪和事件，这对你产生了深刻的影响，其中许多已融入你的能量系统，成为你生命结构的一部分。随着时间的推移，你又有了新的经历。这些早期的能量就会被后来的能量所覆盖，你可能会将其遗忘，但它们并未消失。

这非常像考古学。一个文化产生了，创造了建筑物、艺术品、工具等。然后，这种文化又被后来的文化所取代，后者在其基础上建设。这种情况反复发生。原始文化的遗迹就被深深埋藏在了一层又一层的文化之下。

★ ★ ★ ★ ★

我们提到这些更深层次的能量场，是因为你们中的一些人正在经历它们，并且准备开始处理它们。我们在此无法提供处理这些更深层次的方法，因为这对本书来说涉及范围太广。如果你对更深层次的清理感兴趣，请关注我们的同系列图书。

你就像一名考古学家，逐层清理，直至到达你的根源。我们刚刚开始的这项能量平衡工作开启了一个清理、开放和探索的过程。我们强烈鼓励你每天练习清理你的能量场。这不仅会让你感觉更好，使能量保持在更佳的状态下运作；而且你的能量使用技能会增强，你的活力会更强，你的生活在各个层面都会更顺畅。最终，你会发现最珍贵的宝藏，也就是你的本质：你的无限存有。

练习 3.5：在公共场合清理能量

如果你有时间清理你的能量场，那是很好的。但现实中，你并不是总能有私人的时间去做这些。因此，以下是一些你可以在与他人一起时不引人注目地清理自己的方式。

1. **向前伸展**

把双手放在胸前，大致心脏的位置。手掌朝外。然后向外推。当双手完全伸向前方时，再把它们朝向两侧扫过去。你可以连续这样做几次，没人会注意到。

2. **运用强大的思想**

虽然你的手在引导能量方面很有力量，但仅凭思想就能达到同样的效果。记住，能量跟随意识；通过想象能量在移动，能量就会移动。想象你的手在清理你的能量场。就像你真的在用手一样，在你的想象中去做。

3. **呼吸引导能量**

在印度，他们将呼吸发展成了一个强大的科学，称为 "Pranayama"。其中最简单的呼吸技巧就是你自然会做的——深呼吸。当你这么做的时候，让你的意识专注于通过空气进入的生命力量（气或 Prana）。看着这股力量从内部填满你的空间，然后扩展到外部，同时排出那些使你心烦意乱的能量碎屑。然后，采用一种比平常更强劲的精准、有力、快速的方式进行呼气。当你这么做的时候，看着那些能量碎屑被吹散、离开你的能量场。

练习 3.6：日常生活中的其他清理工具

除了使用双手清理能量场的基本方法，还有一些可以快速清理的能量工具。你可能已经在使用了，现在我们来教给大家更有意识和技巧地使用这些工具。这些都是一般的日常活动，但都可以清理能量。

用身体进行清理：移动你的能量

如果你是一个跑者，那就跑步吧。如果你喜欢跳舞，就跳舞吧。如果你去健身房，就进行锻炼吧。不管你喜欢做什么运动，现在就去做吧。让你的能量运动起来，驱散掉那些能量碎屑。

用呼吸进行清理：深呼吸

最简单、最有力，也是最容易使用的清理工具之一就是呼吸。当你被能量碎屑充满，能量系统被堵塞时，你的呼吸就会不自觉地变浅。可以做几次深呼吸，让你的能量运动起来。当你呼吸时，张开下巴，运动一下你的肩膀和臀部。

用能量和身体进行清理：类似"用泵抽动"

在我们脊柱底部存储着大量的能量。我们大多数人会认为脊柱底部和性有关，但实际上它有着更深刻的意义。在印度，人们称之为"昆达里尼"或者"生命能量的储备库"。这里的能量可以通过类似"用泵抽动"的动作来激活。

用情绪进行清理：尖叫出来

情绪就是能量。有时它们只是需要被释放。没有什么比尖叫或像狮子那样咆哮更能有效地排解它们了。可以在枕头上或汽车的挡风玻璃上，或者在海浪声中或森林中尖叫出你的情绪。你也可以尝试胡言乱语的方法；用无意义的声音"说话"。

用思想进行清理：使用正向的心智画面

将你的注意力集中在一个正向的想法或画面上。因为能量随着意识而流动，这个正向的心智会激活你的能量场。通过口语的复述，可以强化这个心智。你可以使用我们下面的表达，或者自己创造一个："我是一束金色的光。这只是堵塞我的身体的能量碎屑，我要清除它。"

4 居于中心

瑞塔玛的灵性之旅

瑞塔玛：

我的灵性之旅开始于我在舞蹈学院的时候。我清楚地记得"全新的我"诞生的那一时刻。当我刚刚来到学院时，我充满才华且渴望表现。跳舞可以给我带来喜悦，而我也喜欢表演。我对自己有信心——我知道我擅长这个。我甚至有点自大。因此，你可以想象我在一门课程中得到"D"时的震惊。"为什么？这怎么可能？我是学校里最好的舞者之一。这位教练肯定有问题。我需要和她谈谈。"

我去找我的教练，带着沮丧的神情。她说："瑞塔玛，你跟你的中心没有连接。"我不知道她在说什么，就立刻回答她说："你就因为这个给我的这门课打了D？你不能改一下吗？我其他课都是A。"

她说："不，我这样做是因为我需要引起你的注意。'居于中心'是成为一名优秀的舞者最重要的事情之一。"

我能感觉到她的善意，在直觉上我也觉得她是对的，但理智上我完全不知道她在说什么。我不理解这个概念。我的中心在哪里？什么中心？我怎么才能找到这个中心？如果我不在我的中心，那我又在哪里？

从那一刻起，我开始寻找自己的中心。然而，这花了我很长的时间。在这个过程中，我发现"知道自己如何偏离中心"是其中非常重要的一步。

你如何知道自己已经偏离了中心？

我们都知道偏离中心的感觉；我们有很多这样的时候。

➤ 感觉到不安全或紧张时；

➤ 没有完全处于当下或者心不在焉时；

➤ 你的行动并不像你期待的那么有力和高效时；

➤ 你的情绪很激动而让情况变得很糟糕时；

➤ 如果你做的是体力活，你感觉自己很笨拙时。

所有这些都表明我们偏离了中心。

我们也会在语言中经常表达出自己偏离了中心：

"我感觉很散漫。"

"我觉得自己不是一个整体。"

"我精神恍惚。"

"我感觉茫然若失。"

这些表达不仅仅是隐喻性地描述了我们的感受，还准确地描述了我们的能量体中正在发生的事情。

偏离中心的几个主要方向

以下图片展示了我们偏离中心的一些方式，文字给出了如何识别这种偏离的提示。当你看到这些图片时，你可能会注意到每一张都唤起了你特定的感觉。仅仅通过看这些图片，你的能量就开始了自我重塑。你可能了解这所有的状态，但你与其中的哪些状态最有共鸣呢?

我们偏离中心的方式还有很多，在这里没有一一列出，如偏离到一侧或者成为对角线。你可以将你自己偏离中心的方式添加到下面。

能量向前

拼命要实现目标

过分关心和取悦他人

能量向前：
- 不停地做或行动
- 焦虑、烦躁
- 侵略性的
- 专横的、具有压迫性的
- 证明自己
- 做太多的事情

能量向前：
- 取悦其他人
- 照顾其他人
- 情感上过度投入
- 努力获得注意

能量收缩

能量紧缩、冻结

能量向后

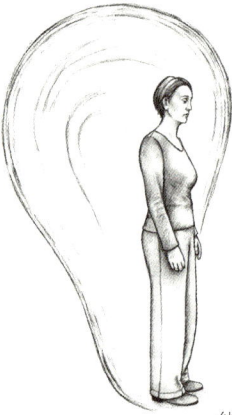

能量集中到了身后

能量收缩或者向后：

– 紧缩、冻结

– 过度敏感

– 防御的

– 觉得自己是受害者

– 躲藏、逃避

能量向上

过于使用头脑，与身体／
感觉失去连接

能量向上：

– 与身体断开连接

– 不落地

– 恍惚、做白日梦

– 思虑过多

– 注重灵性，脱离现实

恍惚、梦幻

能量向下

能量低，感觉沉重

能量向下：

– 疲倦的、停滞的、能量低

– 懒惰的、沙发"马铃薯"

– 失去动力

– 对食物、酒精、药物、性上瘾

– 无助、难过、沮丧

身体懒散无力

瑞塔玛：

我开始觉察到自己的能量场，我的第一个发现是，我的能量是向前的。这有很多的表现。在技术层面上，我在跳舞的时候平衡有问题。在表演层面上，曾有人在我表演结束后给我反馈说"你表现得有些过火"。在我的个人生活中，我经常过于强势和专横，一些人会认为我盛气凌人。

在意识到这一点后，下一步就是如何回归中心。学校里有一个以前我根本不感兴趣的系别——现代舞系，突然强烈地吸引到了我。为了回归中心，我决定转到现代舞系。在那里，课程以呼吸和瑜伽为基础。我也开始练习太极。通过这些新方法，我开始了解到"回归中心"意味着什么。

将能量场拉回中心

这里有一个练习，你可以尝试通过这个练习将你的能量场拉回中心。在接下来的步骤中，你会学到如何用手来引导能量，将能量从偏离中心的状态拉回中心。一般来说，你需要慢慢地移动你的手，但是也要相信自己的直觉，可以根据需要来调整移动的速度。当你移动你的手时，想象能量随着手的引导而回到健康的流动状态。

练习 4.1：将能量场拉回中心

A. 准备

1. 选择你偏离中心的状态

从上述图中，选择一个最能反映你日常偏离中心的状态。

2. 感受那种偏离中心的状态

花一点时间，进入这种状态，感受身体的感受。

B. 核心练习

3. 根据你偏离中心的状态，选择下列对应的动作，将能量带回中心。

能量向前

感觉你的能量延展到了哪里，简单地使用双手将它们拉近你的身体。收集你的能量，并且通过呼吸将其带回。

能量向后

把两手放在身体两旁，手掌向前，慢慢向前移动双手，将能量从后面带回中心。

能量收缩

用你的双手去拓展退缩或收缩的能量。将你的能量打开，随着呼气将能量带到前方。想象能量向外向前流动。

能量向前
将能量带回

能量向后或收缩
拓展紧缩的能量

能量向上
将散漫的能量引导向下

能量向下
将能量引导向上

能量向上

把你的能量、思绪和想法带回现实。用手将能量向下拉，同时将其扫进身体及下背部。

能量向下

将能量引导向上。用你的双手收集聚集在你身体下部的能量。随着吸气将其引导至头顶。

4. 随着呼吸回归中心

吸气时，收集你的能量；呼气时，拓展你的能量。

C. 完成

5. 感受新的平衡

花一些时间，感受这种新的平衡状态，以及这种平衡是如何影响你的身体、情感和心智的。

快速参考要点：

1. 选择你偏离中心的状态

2. 感受那种偏离中心的状态

3. 做出回归中心的动作，达到平衡

4. 随着呼吸回归中心

5. 感受新的平衡

"居于中心"是什么意思?

瑞塔玛:

我意识到,"中心"与我的核心有关,那是我身体和内在的中心。

我的太极老师告诉我,感受我的脊柱,然后想象在它前面有一个能量通道,就在我身体的中间。由于我之前过于关注外在,以至于很难将注意力转移到自己的身体上。我不得不将我的意识转个180°,从向外看转变为向内看。

将觉察慢慢地带进身体并处于其中,真是一种令人惊叹的体验。我开始能感觉到阻力和不舒服,但这个经验又是新鲜的和令人兴奋的。当我接触到我的中心时,我感觉到了难以置信的喜悦和平静。然后这种感觉就又消失了!它就像一道光,忽而出现忽而消失。那一刻,我明白了这就是我的使命。这是我从未有过的最不可思议的体验。所以无论它多么稍纵即逝,我都要找到它,并一直处在这种感觉之中。

逐渐地,这种居于中心所带来的美妙的感觉越来越强。我在内心找到了一个感觉像是"家"的空间,我就像在最美好的自己中休息。

你还记得当你处于最佳状态时,那种感觉有多棒吗?当时你是处于一种平衡、清晰和流动的状态吗?

这样的情况发生在很多时候。你可能一直在高效率地工作;也许你和爱人在一起,你们相处融洽;或者你正在运动、开车或者在大自然中漫步,你处在一种平衡、清晰和流动的状态,这让你感觉很好。

在所有这些时刻,你都是"居于中心"的。你的内在是平衡的。在那个当下,你成为了一个整体——你身体的各个部分都在一起和谐地工作。

"居于中心"的感觉非常棒!没有什么比这更好的了。你感到自己就是最真实的自己,你一直都知道的自己。

> **"居于中心"意味着:**
> 找回自己
> 在"自己"中休息
> 你的能量和谐运作
> 你感受到当下,以及处于流动中

核心通道

中心和核心通道

☀ **能量原则 8：**
中心——能量的位置

　　中心是位于你身体中部的能量所在的位置，这是一条能量流动的垂直通道，从脊柱底部延伸到头顶。

　　之所以称其为中心，是因为位于"中心"时，你确实是与自己的核心本质相连的。这是一个真实的位置，存在于你能量场中的一个实实在在的物理位置。

📖 **定义：核心通道**
　　在你的能量体的正中央，有一条能量垂直通道，从脊柱底部延伸到头顶。它与脊柱平行，但位于脊柱前方，也就是在你的躯干中央位置。

体验你的核心

　　通过意识到你的核心通道，你可以有意识地培养与自己核心的连接。最好的方法是亲身体验它。

练习 4.2：体验你的核心通道

　　首先，我们建议你站起来做这个练习。其次，最好的选择是坐在椅子上，保持背部挺直。最后，平躺下来，同样也要保持背部挺直。

　　1. 闭上眼睛，将注意力带到内在。

　　2. 感受你的脊柱。想象在你的脊柱正前方有一道能量柱。它从脊柱底部延伸到头顶。我们称之为核心通道。

　　3. 观想你的核心通道。也许你会看到一道明亮的光，对于一些人来说，它感觉更像是夜空，黑暗但充满了闪烁的星星。找到对你最合适的意象。

　　4. 停留几分钟。这是一个美妙的地方，你可以在这里休息，就像回到了自己的内在家园。

　　5. 深呼吸。每一次呼吸都让自己更深地沉入核心通道，在其中更多地休息。

　　核心通道将成为你的中心点——你休息的地方。

充满活力的中心：
能量在中心流动的喜悦

瑞塔玛：

> 我原来以为这种在我的"中心"休息的感觉已经很棒了，然而事实并不止如此。我的老师引导我感知到一个全新的、充满活力的中心，我感受到能量在我的核心通道里流动。这些能量是如此充满活力和生机勃勃，我能感觉它们在我的身体里运动。这些能量也是如此之强，让我感到我的意识在爆炸。就像一道闪电霎时在我的脊柱底部开启，然后沿着我的身体一路奔涌，最终在我的头顶炸裂成一个耀眼的太阳。
>
> 这是我曾经经历过的最棒的感觉！

定义：核心流动
能量沿着"中心"流动，从脊柱底部延伸到头顶，贯穿整个核心通道。

我们对于中心的感知并不是确定的永恒不变的。这个中心会不断地进化改变，一层又一层，层层展开。在后面的章节里，我们探讨更多的新认知，介绍一些工具，帮助你深化与中心的连接。

能量原则9：
"居于中心"是一种能量状态

"居于中心"是一种能量状态，在这种状态下，你的能量根植于核心通道，从而让你的整个能量系统保持一致和整合。

这种深层的中心状态和其中流动的生命力在许多文化和神秘学派中都有所介绍。在印度，整个瑜伽科学（不仅仅是大多数人熟悉的哈达瑜伽，还包括在许多健身工作室进行的伸展和加强锻炼），都聚焦在核心通道上，同时也会关注在其中觉醒和运动的能量。

> **聚焦在核心通道上的一些瑜伽分支：**
>
> 1. 拉加瑜伽：冥想瑜伽
> 2. 克里亚瑜伽：将能量沿脊柱向上移动的瑜伽
> 3. 拉亚瑜伽：激活能量中心（脉轮）

4. 昆达里尼瑜伽：唤醒脊柱底部的能量并将其向上移动

5. 谭崔瑜伽：唤醒性能量并将其沿脊柱向上移动

树

这里有一个古老的隐喻可以帮助人们打开更深处的核心。虽然是一个图像隐喻，但它远不止于此——它描述了一个真实的能量状态。

这个隐喻是树。树的根深深地扎根在大地中，吸取大地的养分。树干垂直地从地面伸向天际。树的顶部是茂密的树冠和枝叶，敞开伸向无尽的天空，通过这些树冠和枝叶，树吸收着太阳赐予的生命之光。

我们无法充分强调这个图像背后隐藏的能量真理，以及通过借此练习所获得的价值。理想情况下，如果你每天可以进行这个练习十分钟，它将改变你的生活。即使不定期进行，"树的练习"也是无法估量的强大。

树叶与花朵（脉轮）

核心通道

根（深入大地）

树

人类的能量系统就像一棵树，具有根、树干和树枝

练习 4.3：扎根并像树一样扩展

你可以站着或坐着做这个练习。重要的是保持脊柱挺直，不要驼背。

A. 准备工作：扎根

1. 感受你的海底轮

在脊柱最底部，也就是尾骨位置，有一个能量中心——海底轮。深呼吸几次，将注意力集中到海底轮。现在想象你的核心通道向下延伸穿过海底轮，进入大地，就像一棵树长了很长的根。（如果你站着，让能量沿着腿部、穿过脚底进入大地。）

2. 扩展你的"树根"

将一只手放在你的海底轮前面，另一只手放在后面，手掌朝下，轻轻向下移动。想象你的双手帮助将海底轮的能量向下打开，与大地连接。看到你的"根"深深地扎入大地。感受这给你带来的扎实和稳固感。

B. 核心练习

3. 充盈你的海底轮

保持这个根牢牢扎根在大地中，现在将能量吸入海底轮。每一次吸气都像是用吸管吸液体，将大地的能量向上拉动。在此过程中，将双手掌心朝上，用手扫动将大地的能量向上推送到海底轮。持续几分钟。

4. 将能量提升到头顶

现在，深深吸气，将能量吸入核心通道，直至头顶，我们称这个位置为冠顶。使用双手，将能量沿着核心通道完全扫至头顶。重复这个动作四次。

5. 扩展你的冠顶

吸气到冠顶。将它想象成树顶的花朵。在此过程中，用双手在头部四周向上扫，帮助能量在此处打开。

6. 通过呼气，将能量带下来

现在当你呼气时，将能量从头顶沿着核心通道带至海底轮。如果愿意，可以用双手进行辅助。将这些高频能量带入身体。重复这个动作四次。

C. 完成

7. 内在休息

感受整棵树。你的根深深扎根在大地中。你的冠顶敞开，与天空相连。感受你的核心并在其中休息。

快速参考要点：

1. 感受你的海底轮

2. 扩展你的"树根"

3. 充盈你的海底轮

4. 将能量提升至冠顶

5. 扩展你的冠顶

6. 通过呼气，将能量带下来

7. 内在休息

完成这个练习后，环顾四周。对许多人来说，他们的眼睛似乎变得更清澈了。事物看起来也不同了——更加清新活泼。

将“居于中心”应用于日常生活中

“居于中心”为我们的生活和意识带来了各种可能。在更高级的阶段，“居于中心”可以为我们开启更高的意识，这个很难用词语来表达。

但是同时，“居于中心”也是极其实用的。它适用于我们如何行走、说话和处理日常事务。

瑞塔玛：

在日常生活中如何“居于中心”，我向我的太极老师寻求建议。他对我说：“即使我现在在和你说话，我的一部分注意力仍集中在我的中心。即使我在做其他事情，我也好像是有一只眼睛朝内看，停驻在我的中心，而另一只眼睛则朝外看。”

我们已经介绍了一些练习来连接到中心。这些练习让你体验到了你的核心通道和在其中流动的生命能量。但是在商务会议中做这些练习可能会让人感觉有些奇怪。你也不太可能在会议中说：“我们是否能停一会儿，我要挥舞我的手，平衡我的能量。”对吧？

因此，我们在这里介绍一些让你在日常生活中“居于中心”的方法。

快速回归中心

现代的生活节奏非常快，我们也需要“快速回归中心”。当你能花时间一点点地回归中心，这是很棒的。但当你处于困境中，能量涌动，这时候你最需要回归中心，可是你很可能没有时间去做这件事情。

下面是一种“快速回归中心”的方法。虽然可能不如花时间完全回归中心有效，但你会惊讶地发现它同样非常有用。

练习 4.4：十秒钟回归中心

1. 深深地吸气，然后深深地呼气。将呼气的焦点放在海底轮，也就是脊柱底部。想象紧张的感觉从那里释放出去。感受扎根的感觉。

2. 吸气进入海底轮，将能量向上拉，带到核心通道，一直到头顶并扩展开来。

3. 伴随着呼气，将能量沿着核心通道向下带至海底轮。

然后回到你之前正在做的事情。尽量保持好像有一只眼睛向内观，同时继续将呼吸引入中心，接着做你的事情。

练习 4.5：**两秒钟回归中心**

如果你甚至没有十秒钟的时间来做上面的练习，那么就简单地从海底轮深呼吸，将气息沿着核心通道引到头顶，然后呼气，再将能量沿着核心通道向下引至海底轮。现在继续你之前正在做的事情。

在行动中"居于中心"

你已经熟悉了"居于中心"的一些基础知识，现在让我们把它应用到日常生活中。

练习 4.6：**行走时"居于中心"**

1. 首先，使用我们之前教过的任何一个方法来回归中心。

2. 现在简单地开始四处走动。当你走路时，好像有一只眼睛专注于你的环境，另一只眼睛则专注于你的中心。

3. 想象你是在"平衡中"行走。保持与你的核心的连接；保持扎根并敞开冠顶，同时一直在行走。

在这个过程中，我们会发现自己很容易分心，失去与自己的连接和平衡。如果发生了这种情况，只需重新"回归中心"。在你可以做到持续性地居于中心之前，我们需要经常练习。

练习 4.7：**在行动中"居于中心"**

1. 例如，去洗手，或涂一片面包，或洗衣服。找一件简单的需要用眼睛和手协调的事情。

2. 再一次，好像有一只眼睛专注于你的环境，另一只眼睛专注于你的中心。在你做事情的过程中，保持与你的核心的连接。

很好。让我们继续探讨一些更深的内容。

练习 4.8：**在人际交往中"居于中心"**

去和别人互动，同时"居于中心"。

在行动中"居于中心"

这并不容易！与他人交往是最容易让我们失去中心的事情之一。在"居于中心"方面，与人相处可能是最具挑战性的。如果你在与他人交往时感到失衡，请不要苛责自己。这对每个人来说都会发生。在与他人交往时"居于中心"可能需要一段时间。之后的每一章，我们都会更深一步地教导"居于中心"和"回归中心"的一些方法。

"不倒翁"

你可能还记得小时候玩的这些玩具。它们类似于玩偶或沙袋，底部装有沙子或水。当你把它们打倒时，它们会自动站起来。在德国，人们称它们为"Steh-auf-Männchen"（不倒翁）。

这些玩偶是你的榜样。你会被击倒1001次。你会学会快速地"回归中心"。虽然一开始"回归中心"可能需要更多时间，但你会回归得越来越快。随着练习的深入，你将不会像以前那样频繁地倒下。过一段时间，你会开始发现，你大部分时间都在"居于中心"，只会偶尔有一点点晃动。

"居于中心"——迈向更高境界的基石

"居于中心"是极具满足感的。这是一种令人难以置信的生活状态，也是一种内在的喜悦。你在此刻活在当下，充满活力和能量。你的能量保持了一致和平衡，你的行动也会反映出这一点。"居于中心"本身就是一个有价值的目标。

然而，这只是一个开始，因为"居于中心"是更多事情发生的基础。你生活中的一切都将受益于此。现在你可以运用你的能量了。有了一个平衡而完整的能量系统，你的创造力、智商、精神，都可以借此发挥效用。当你"居于中心"时，你与人相处会更加充满爱意，你的沟通会更加清晰，你的行动也会更加有效。"居于中心"是你在很多方面自我实现的基础。"居于中心"使一切受益。

能量流动的四个方向

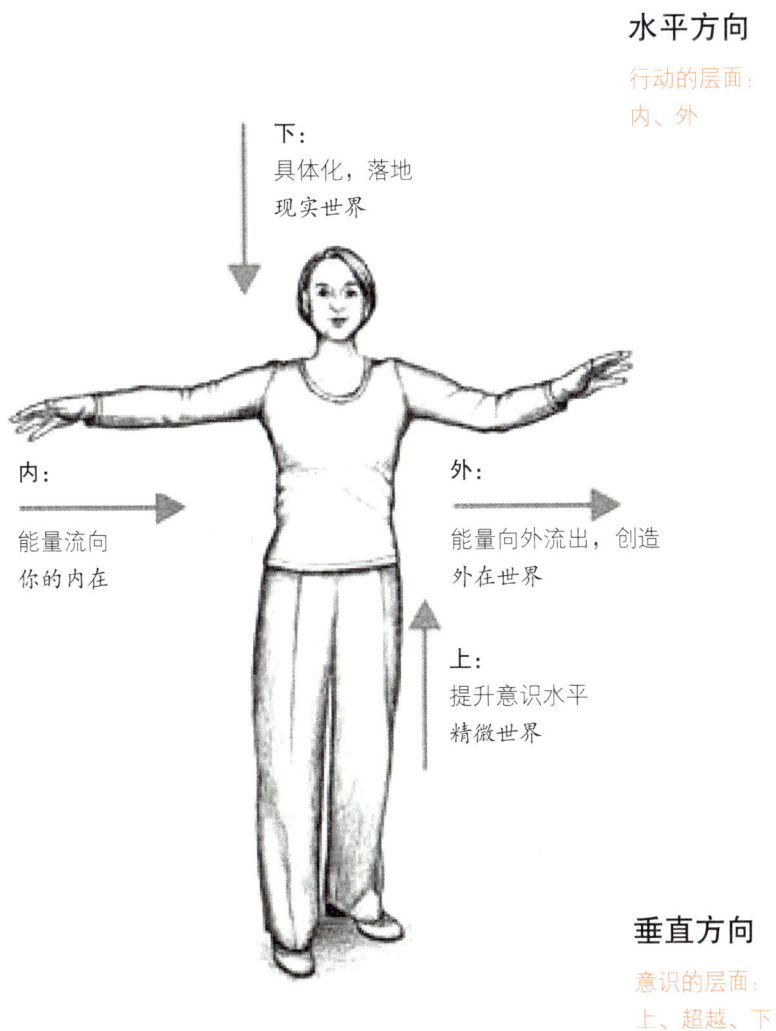

水平方向

行动的层面：
内、外

下：
具体化，落地
现实世界

内：
能量流向
你的内在

外：
能量向外流出，创造
外在世界

上：
提升意识水平
精微世界

垂直方向

意识的层面：
上、超越、下

5 能量流动的四个方向

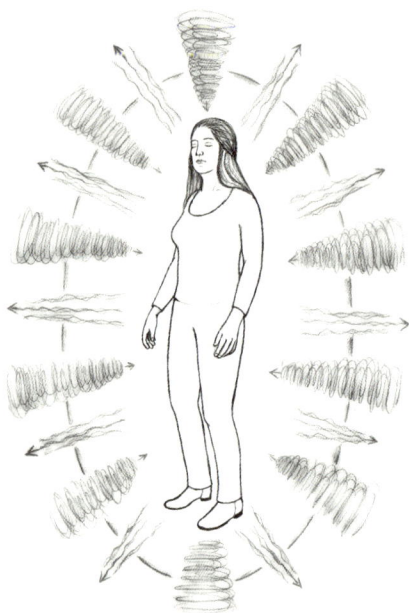

我们是能量的交汇点，一个能量旋涡，一个能量流动的中心点。在每一个时刻，大量的能量流入和流出我们的能量场。

我们也是能量的强大转化者。在我们内部，能量在流动和循环，依循着各种目的，不断地改变着状态和形态。

两个能量流动的层面

能量流动有许多层面和方向。我们将专注于其中的两个——水平和垂直。

水平方向涉及行动和关系。能量从我们流向周围的世界，而来自他人和环境的能量则从外部流入我们的内部。

当你说话时，你是在水平方向上表达。当你与他人建立联系时，你是在水平方向上连接。当你与另一个人互动时，无论是爱在你们之间流动，还是愤怒，它都是能量在水平方向上的流动。

我们是能量的交汇点，一个能量旋涡

水平方向是行动和关系的层面
垂直方向是意识的层面

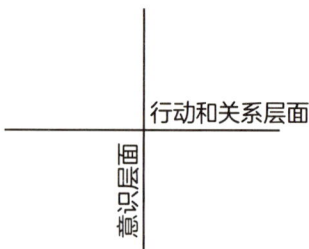

行动和关系层面

意识层面

垂直方向是意识的层面。它是一个内部的维度，涉及能量在我们的核心通道内流动以及我们的感受和思维方式。能量在这里流动的方式会改变我们的思维和情感的质量。

尽管我们将垂直方向描述为内在的，它也有一个外部的层面；它将我们向下连接并扎根于地球，向上则为我们打开了意识之门。

52

这两个维度在一个横纵坐标轴中得到体现。

纵轴代表了精神（意识）的层面，横轴代表了物质（形式）的层面。中心是精神和物质、意识和形式相遇的地方。

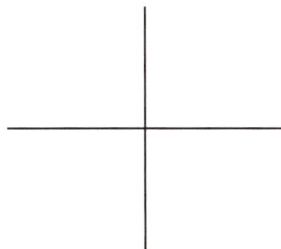

能量原则 10：
能量流动的四个方向

对于一个人来说，能量向四个主要的方向流动。

能量流动的四个方向

当这水平向和垂直向两个层面相交时，我们得到了四个方向——左水平、右水平、上方和下方。横纵两条线代表了能量流动的方向——向内和向外，向上和向下。每个方向都代表了生活和意识的某个特定方面。

有效运用能量的一个关键就是了解这四个方向，并掌握每个方向上的技能。能量在每个方向上对你生活的某一个特定领域都产生着深远的影响。能量在那个领域会产生特定类型的情感、思维和行为。

每个方向代表了能量流动的一条路径。

水平方向

➤ "内"代表着能量流入你，是你吸收的能量。

➤ "外"代表着能量从你身体流出，以及它在你周围世界中产生的影响。

垂直方向

➤ "上"代表着意识和振动频率的提升。

➤ "下"代表着能量的具体化和扎根。

每个方向还代表了生活的一个领域。

➤ "内"代表你内在的生活——内心丰富的思维、情感和感知世界。

➤ "外"代表你外在的世界——包括人、事物和地方。

➤ "上"代表每个人都可以获得的更高意识的维度——通常被称为更高的智慧、灵魂或精神等。

➤ "下"代表你在身体中，就在此刻的当下。

在接下来的章节中，我们将详细介绍这四个方向。在这里，我们给你一个概述，让你先整体了解一下它们是如何共同联系在一起的。

内—外—上—下

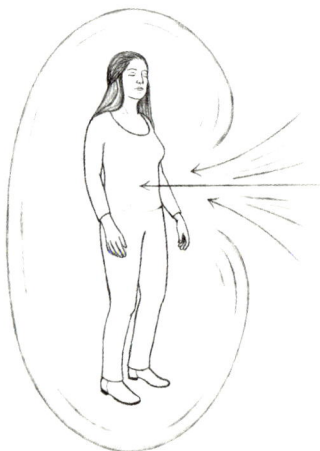

内
能量流动方向：能量流向你
位置：你的内在世界

内

"内"作为一个方向代表着能量朝向你流动。例如，有人说"我爱你"。不仅是他们的话传达给了你，而且还有一股温暖关切的爱的能量流向了你，进入了你的能量场。

来自周围世界的一系列能量不断地进入你的能量场。保持你的能量平衡的一个重要方面就是理解这些能量如何影响你，有意识地吸收对你有益的能量，拒绝对你无益的能量。

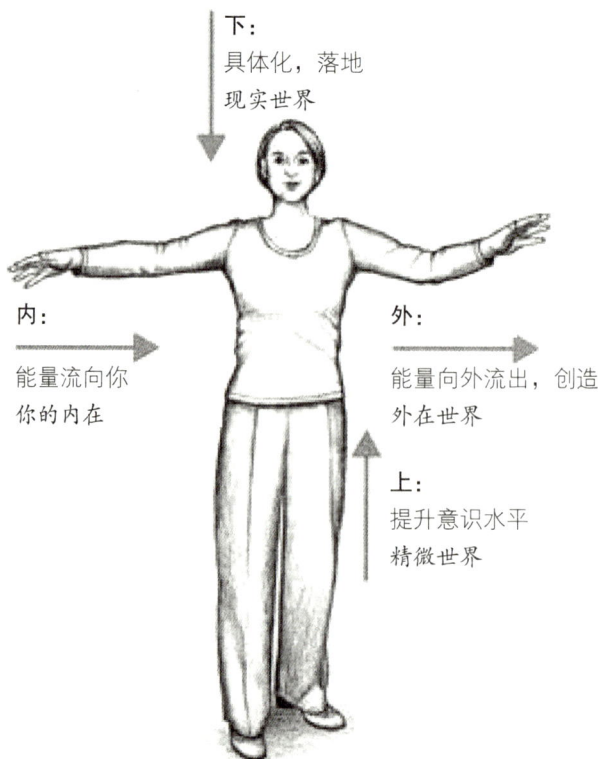

下：
具体化，落地
现实世界

内：
能量流向你
你的内在

外：
能量向外流出，创造
外在世界

上：
提升意识水平
精微世界

"内"作为一个位置还指的是你的内在世界，丰富多彩的感觉、思维和能量。当你发现了自己的层层内涵时，你会越发了解自己是谁。在这些深度的核心是你的中心、你的本质。在这本书中，我们将会着重探讨如何发现和活在本质中。

外

"外"作为一个方向指的是从你流出到周围世界的能量。这包括你所传达的言语和你释放出去的能量。例如，你下定决心想要某样东西。你的意志会以强有力的能量流向你前方。如果你在这个强烈振动的状态下和另一个人交谈，就好像是用一根强力喷水管向他们喷水一样。

通过向外的能量，你强烈地影响着周围的世界。学会处理向外的能量对于创造你想要的东西至关重要。

"外"也是一个位置 —— 你外在的世界，包括人、地方、物品以及它们所包含的能量都是属于"外"的部分。

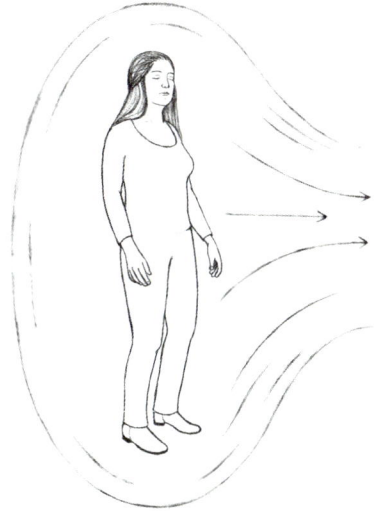

外
能量流动方向：能量从你向外流出
位置：你的外部世界

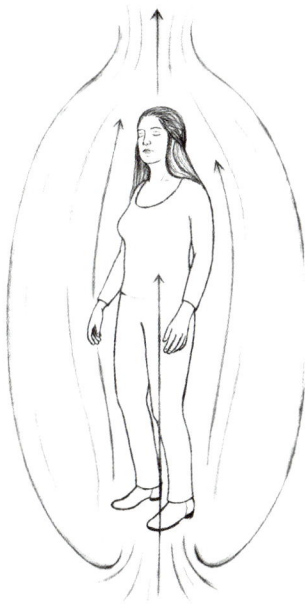

上

"上"指的是将能量从身体较低部位向上移动的过程。每一个情感和思维都在你的能量体系中有一个位置。密度较高或振动较慢的情感和思维位于身体较低部位。当你向上移动时，你会拥有越来越轻、振动越来越快的情感和思维。

例如，愤怒存在于腹部神经丛的区域。你可能会对一个人感到愤怒，然后理解到他们的行为是由于一场突如其来的悲剧。突然间，你的愤怒变成了同情。能量从你的腹部神经丛向上移动到了你的心脏。

能量不仅向上移动了，而且它的振动状态也发生了变化。"上"还指的是从密度较高的能量（如愤怒）向

上
能量流动方向：在身体内部由低向高流动
位置：上方——头顶和头顶以上

55

密度较低的能量（如同情）的移动过程。

从能量的视角来看自我成长，其整个过程可以说就是能量向上移动的过程。我们开启了更精致、更微妙的意识和能量状态。

"上"也是指你身体顶部的位置——头顶和头顶以上。这里有强大的高频能量。它们包含着你最高层次的思维、情感和愿望。与"上"保持连接是一种令人振奋的体验。

超越

虽然我们讲到将内、上、下和外作为四个主要方向，但能量平衡还有一个重要的方向。我们称之为"超越"。这是顶轮开启所获得的体验。在这里，你会接触到一种意识和能量维度，没有合适的词语来表达，可以用"开悟""更高意识"或"灵性"等词来形容。我们将这个维度称为"超越"，因为它远远超出了正常的意识范围。一旦触及这里的无限和明亮，你的生命将变得完全不一样。

下

接下来的例子涉及将能量向下移动的过程：将你更高层次的自我——爱、同情心、愿景和灵感——带入你的头脑、身体和人格中。

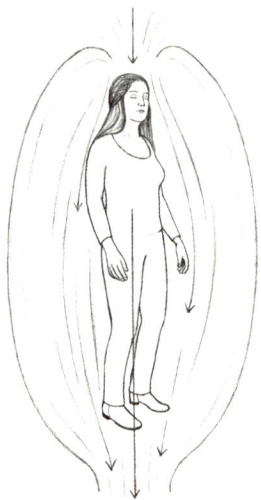

下

能量流动方向：在你的身体里，由头部上方向下到脚和地面

位置：你的身体下部和你脚下的大地

我，卡比尔，在泰国一个偏远的度假胜地里工作、写书。我正在冥想，身前放着一台笔记本电脑。灵感的闪现会突然照亮我的头脑。我会立即将它们敲击出来。如果我能理解我所接受到的十分之一，那已经很多了。这真是令人沮丧！在我内心深处存在着更高层次的智慧，它给我带来了深入的洞察，但我却无法保持这些洞察并将它们通过我的头脑转化为语言。

另一个更为实际的"向下"的例子是你们大多数人都知道的。我们有许多希望。例如你希望让自己变得更加苗条和健康，你设定了节食和锻炼计划。这是你的高层心智在起作用。但现在你必须将你的希望落实到饮食和锻炼中。你的高层次正试图引导你的较低层次。你正在尝试将更高的理解"向下"引入你的身体。

"下"作为一个方向意味着将你的理想、更高频率的能量及你知道自己可以成为的智慧的自我,引入你的思维、感受、能量场、身体和人格。

"下"也是一个位置——你的身体下部和你脚下的大地。你扎根于此,坚实有力,活在当下。

★ ★ ★ ★ ★

向内—向上—向下—向外的循环流动

尽管我们将这本书分为两个部分——行动的水平面:向内和向外,以及意识的垂直面:向上和向下——但在能量平衡的进阶教学中,我们使用了另外一种表达形式:向内、向上、向下、向外的循环流动及其相应的步骤。

第一步

"向内"指的是将你的注意力转向内部。它开始了自我认识和探索的过程。

第二步

当你转向内部时,你开始了自我工作。事情开始发生变化。你的能量开始"向上"——振动频率变快,实质上是在你的能量系统中向上运动到更高的能量中心或脉轮。

在某个时刻,你会触及"超越",即头顶的脉轮开启,你接触到了更高的意识。

这是旅程的前半段——到达更高的意识。但这只是前半段,还有更多要走的路。第二半段是回来——将你的意识带回到当下。

第三步

"向下"代表将更高的能量、思维和情感引入你的身体和心灵的过程。能量的振动频率发生变化。你的核心能"容纳更多的光"。你的情绪和思维经历了重大的变化,变得更加清晰和有力。

第四步

但这还不是终点。最终,你在这里是要"活出你的光"。在这个世界中表达你所获得的意识、承载的爱和涌现出的洞见。你在这里是要做出贡献,让世界变得更好一点。你在这里是要在外部创造一个内在的反映。"向外"意味着将你的意识丰富性带到周围的世界中。

我们将整个过程以特定的顺序称为"内、上、下、外"。这就是能量平衡的完整循环。

虽然这在你一生中会在一个更大的时间框架内发生,但它每天在一个较小的层面上也在发生。能量在这四个阶段之间不断循环。例如,你对某人感到愤怒。后来,你反思

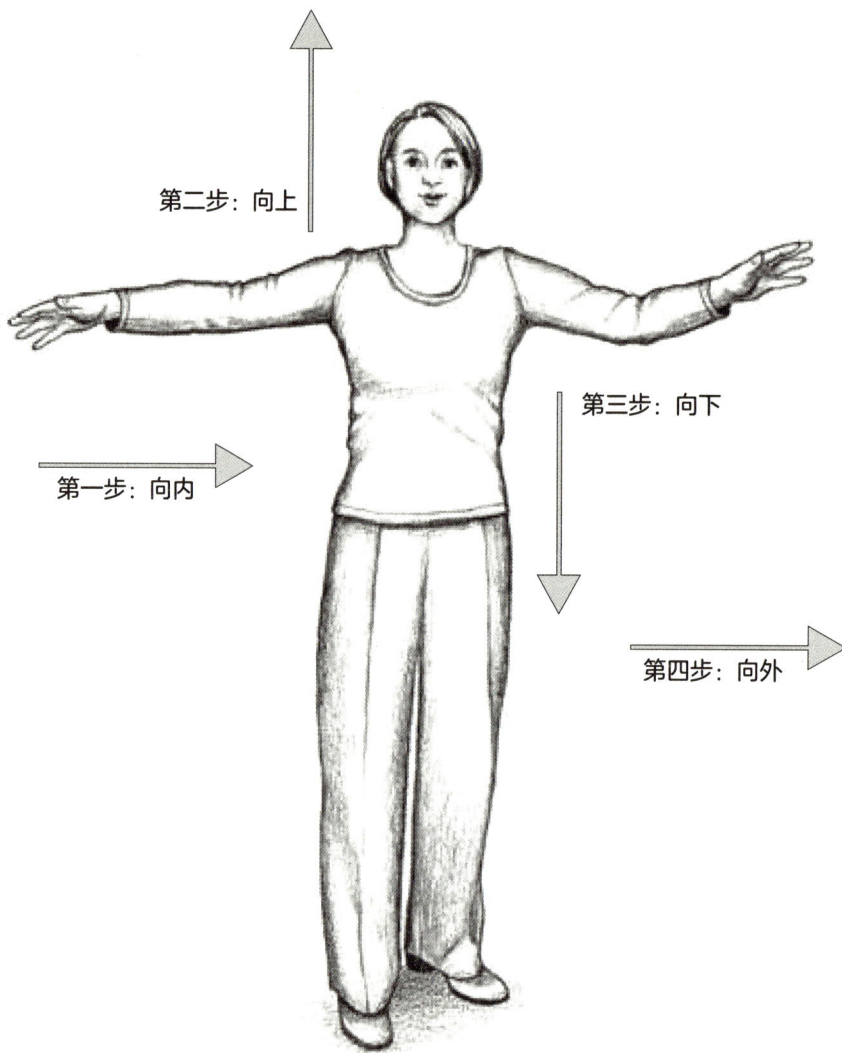

第二步：向上

第一步：向内

第三步：向下

第四步：向外

能量的循环流动

了这一点（向内）。你意识到自己是多么冲动，你并没有像你本可以做到的那样充满爱心。你决定要更加充满爱心和温和，而不是那么冲动（向上）。下一次你遇到这种情况时，你会记得你的决定，尽管你感到愤怒，但你会有意识地努力控制它（向下）。然后，你选择以更加温和和尊重的方式表达自己，而不是简单地爆发出来（向外）。

★ ★ ★ ★ ★

全能量平衡练习（FEBE）

我们创建了一个涵盖向内、向外、向上、向下完整领域的能量练习，称为全能量平衡练习（FEBE），这个练习序列可以激活和平衡你的整个能量系统。我们将其缩写为 FEBE，并开玩笑地称其为"有趣的能量平衡练习"。毕竟，运用能量给生活带来了很多乐趣和刺激！完整版本时长大约需要 2 分钟，当然你也可以用更长的时间进行练习。简化版本的快速能量平衡练习（QEBE）只需要 10 秒，还有扩展能量平衡练习（EEBE）则需花费 10~30 分钟。

全能量平衡练习非常有效。定期进行练习将使你头脑清晰、情绪平衡、能量平衡。每次练习时它都会有效果，而且其效果是累积的，会让你深入了解自己的丰富内涵。

我们讨论过是否要将 FEBE 放在此处，是在书的开头，还是放在后面。支持前者的一方面是，我们觉得把它放在这里会让你早早地认识到它，并且你可以从现在开始获得它的好处。随着你继续阅读，后续的章节会对其中的每个阶段进行详细的阐述，并赋予它们更深刻的含义。

另一方面，我们认为在你阅读后面的章节之前，你只会机械地进行练习，而不了解如何正确地进行练习，因此你将无法从中获得全部好处。我们担心你可能会因此失去兴趣，认为能量并没有奏效，因为你还没有体验到任何东西。

我们的解决方案是现在提及 FEBE、QEBE 和 EEBE，在第 18 章中，你将看到所有练习步骤的文字说明和视频指导。

第二部分

水平方向
行动的层面——向内与向外

（一）能量向内

6　能量进入

脆弱性

　　一位美国人来我们的静修中心度假，他是美军驻阿富汗的供应商。我们原以为他是一个相貌凶狠的军人，结果他是个看上去很普通的40多岁的男人，典型的"邻家男人"。

　　他向我们讲述了他在阿富汗的工作以及他个人的经历。他很友善，但我们能感受到他来自内心的紧张和自我保护。他承认了这一点，他说："我时刻保持警惕。在阿富汗我永远不能放松。我总觉得自己身处敌境。尽管我身在四面都有围墙的军事基地里，这里理应是受到保护而且是安全的，但我却无法安然入睡。我穿着衣服睡觉，因为随时都可能遭到袭击。"

　　在我们这个安全、友好的环境中，他与太太共度一段温馨时光，终于放松了下来。几天后，他的神情有了变化。一场蜕变开始了。

　　假期结束时，他说他很想回去，这让我们感到很惊讶。"如果我再在这里待下去，我将永远无法适应回去后的生活。我宁愿稍微放松一下，这样我就能重新变得坚强起来。"他太太半开玩笑半认真地说，他只能短暂地待在安全和充满爱的空间里，否则就会变得十分危险！

　　我们看到，双方都有理。他需要穿上防护盾保护自己。在这里他可以放松下来，卸下心墙，对他来说本身是件好事，但他觉得如果自己太放松，再回到原来那里就会容易受伤。

　　他太太的评论很精辟：卸下"墙"，接受触动和影响，对他来说既美好又难以承受。他只能承受些许，否则他的脆弱就会变得不堪一击，他的防御系统就需要重新建立。他太太的话表明，即使他没有身处战区，他也只是在短时间内放下防备，然后他就会找一个借口再次加强防御。

　　该男子向我们展示了人性的核心真相——我们都是脆弱的。无论一个人表面上看起来多么坚韧、强

保护脆弱性的"墙"
我们的基础天性是脆弱的；我们会被生命所触动和影响。为了保护自己，我们在能量体内筑起了"墙"

大或"高高在上"，在内心深处，每个人都是脆弱的。我们会被周围的一切所触动和影响。

每个人都是脆弱的。

脆弱性——我们最基本的弱点

📖 **定义：脆弱性**
脆弱性是我们最基本的弱点，我们会被触动，会被各种事物所影响。

通过理解能量，我们获得最为重要的启示之一就是：每个人都是脆弱的。我们在这里使用"脆弱"一词的意思是可触动的——我们可以被触动，事物也会触动我们。这承认了人类能量系统的一个核心真相，即我们的能量体是脆弱的，会受到无数事物的影响。

该男子还展示了我们保护自身脆弱性的一些方式，其中有些是健康的，有些则不是。他的行为也反映了我们每个人面对脆弱性的一些困境。

➤ 我们可以开放多少？
➤ 我们能否暴露自己的脆弱性？
➤ 向谁暴露、何时暴露？
➤ 我们如何保护自己的脆弱性？
➤ 我们能在多大程度上放松我们已建立的保护措施？

这些问题的答案因人而异，因情况而异，但基本上，除了个别例外，我们大多数人都在自己的能量场中筑起了保护墙以求生存。当我们感到安全时，我们会卸下保护墙；也许是在伴侣或孩子面前，也许是在好朋友面前，也许是和大自然独处时。但是，很多保护墙几乎已经成为我们能量体内永久的保护层。只有在极少数情况下，墙才会倒下，然后又迅速重建。

📖 **定义：保护墙**
保护墙是人类能量场中的能量保护层。

有意识的脆弱和有意识的界限

通过能量工作，你可以学习的最重要的两项技能是有意识的脆弱和有意识的界限。

有意识的脆弱是指撤掉保护墙，让自我被触动。有意识的界限是指筑起保护墙，拒绝吸收不该吸收的能量。

定义：**有意识的脆弱**
有意识的脆弱是撤掉保护墙，让自我被触动。

定义：**有意识的界限**
有意识的界限是指筑起保护墙，拒绝吸收不该吸收的能量。

这一点很重要，原因有以下几点。

1. 我们想被某些事物触动。它们就像我们的能量食物，滋养并丰富着我们。这些东西包括爱、关心、尊重，以及来自大自然、动物等的能量。

2. 有些能量是我们不希望吸收的，因为它们不利于我们的健康，如攻击性、消极性、判断力和混乱的情绪。我们需要在适当的时候"穿上能量雨衣"。

3. 如果我们躲在墙后，就无法体验亲密关系。两个穿着盔甲的骑士无法靠得很近。当我们卸下盔甲、敞开心扉，让他人进入，才会体验到亲密。

4. 最后，脆弱代表着融入生活。活在围墙后面的人生是一种非常局限的生活。开放的人生意味着你参与了丰富多彩的生活。

本书关于"能量进入"的第二部分讲述了如何辨别哪些是正能量，哪些是负能量，什么是"能量进入"，什么是"拒绝能量进入"，如何修复能量漏洞，以及完成这些事情的各种技巧。

这一部分还涉及我们自身的内在维度。能量意识觉醒会引发一个发现的过程；我们可以称之为"向内的旅程"，一个寻找深层自我的旅程。

吸收正能量

能量无时无刻不在向我们涌来。我们指的是每时每刻，都有大量能量向我们涌来。

这些能量进入我们的能量场，然后以各种方式影响着我们。这些能量中，有些对我们有益，以活力或丰富感受的形式提供"能量养料"；有些能量是中性的，穿过我们的能量场不会产生任何影响；而有些能量则是不健康的，会给我们造成不平衡或干扰。

能量平衡的主要技巧之一就是分辨哪些是正能量，哪些是中性能量，哪些是负能量。第二项技巧是吸收健康的能量，拒绝吸收不健康的能量。

让能量进入

觉察到温暖的能量被传递的人

今天是星期一早上。你宁愿去其他任何地方，也不愿意去公司，但最终你还是走进了公司。一位与你关系不错的同事向你打招呼，只说了一句"早上好"。你咕哝着回了一声"早上好"，然后继续走向自己的办公桌。

你刚刚错过吸收能量了。

能量平衡的一个主要技巧就是在有"正能量"的时候吸收"正能量"。你的同事刚刚给你传递了一些正能量。当然，并不是每个说"早上好"的人都在传递正能量。他们可能只是出于社交礼节，并没有任何实质性东西。但让我们暂且假设这位同事是出于真心；他们很高兴见到你，内心充满了温暖和善意。

当有人关心我们时，他们就会向我们传递一股正能量

当有人关心我们时，他们就会向我们传递一股正能量。"早上好"这简单的几个字，不仅仅是语言，还传递了关心、尊重甚至爱的能量。

爱是一种能量。关心是一种能量。尊重是一种能量。这些都是以特定频率振动的能量物质。这些物质由一个人发出，然后进入你的能量场。

思想或情感类型的差异在于振动频率不同。有些能量的振动频率我们称之为情感，有些能量的振动频率我们称之为思想。有些能量的振动频率非常高，我们称之为灵感、天启或开悟。另一些能量的振动频率我们称之为悲伤或愤怒。有些思想和情绪被称为消极的，因为它们的振动具有破坏性，对我们有害。另一些则被认为是积极的，因为它们的振动对生命有支持作用，能振奋人心。所有这些都是不同振动频率的物质。

虽然我们之前在本书中提到过这一点，但我们怎么强调都不为过——能量就是物质。这种认识是一把神奇的钥匙，可以为你开启不可思议的全新且充实的生活体验。这意味着，每一个想法和感觉都是一种能量，这种能量会从一个人传递到另一个人，并积聚在房间、场所和实际物品中。

其中一些物质是你需要的能量。例如，想象一下有一天你没有任何社交。现在，也许你会很高兴，你希望你一天中剩下的时间都是这样。这可能意味着你周围充斥着太

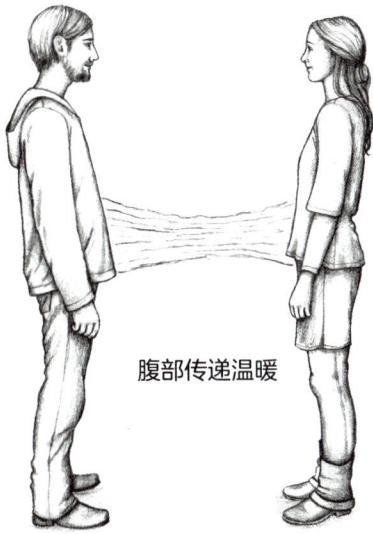

腹部传递温暖

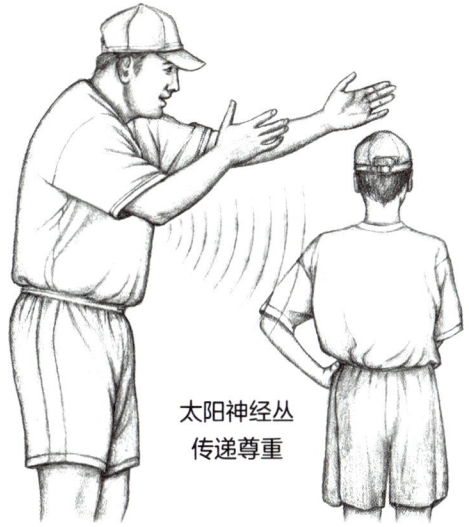

太阳神经丛
传递尊重

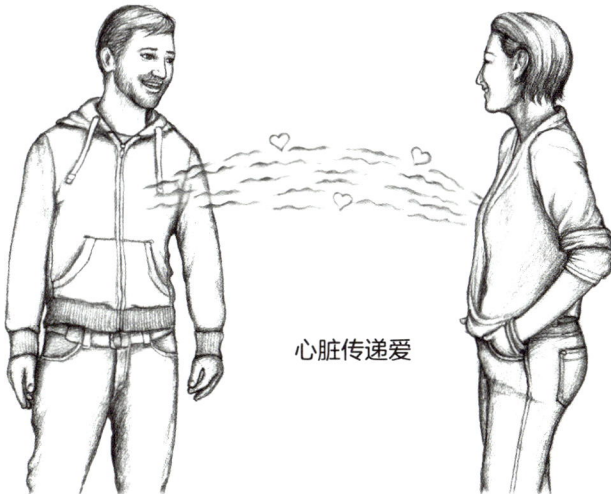

心脏传递爱

多能量，或者你周围的能量不是你所需要的。
如果是这种情况，那么想象一下一周、一个
月或一年中没有一个人和你说话。到那时，
你就会觉得没有人跟你说话实在是太漫长了。

这是因为我们都需要来自他人的积极能
量。我们需要温暖、尊重和爱。这些以不同

对他人说正能量的话会产生积极
的影响。互联网上有一段精彩的
视频，抓住了其中精髓，值得一
看：在网上搜索 Hugh Newman 的
"Validation"。

"正能量"进入你的能量场并滋养你

的方式呈现出来：它可以是来自腹部的温暖能量，来自太阳神经丛的尊重能量，或来自心脏的爱的能量，以及来自其他能量中心的许多能量。

当你的同事向你问好时，他们正在向你传递一股积极的能量。假设他们的能量是"干净的"（我们稍后会讨论干净和不干净的能量），这就是你想要吸收的能量。

什么是"让能量进入"？我们用另一个例子来说明这一点。你认识的人赞美你。你可以用自己的话代替我们的话，想象一下他们是这样说的："我真的很敬佩你刚才的表现，非常可爱大方。"

在我们的训练课程里有一个练习，我们会请一些人走到教室前面，然后，观众会对他们说一些积极的话。这些人的脸庞会呈现出各种各样的红色，真是令人惊叹！你会看到人们扭扭捏捏，支支吾吾，总之看起来就像在经受折磨一样。我们总是听到这样的话："是的，但是……"，因为他们正在逃避接下来的批评。就好像我们听不到别人说我们好话一样。

练习 6.1：今日实验

我们建议你今天做一个实验，实验对象可以是你的伴侣或孩子、同事，也可以是商店里的店员。对他们说一些正能量的话，不必太复杂。可以简单地说"你今天看起来很漂亮"，或者"我觉得你的动作很熟练"。

然后看看会发生什么。

有多少人真正吸收了这种能量？

有多少人避开了这些能量？

有多少人用否定的语气反驳你，例如"好吧，我并不擅长这个。只是看起来是这样而已"。

我，卡比尔，永远不会忘记我第一次看到有人有意识地吸收正能量。歌剧演唱家帕瓦罗蒂演唱结束后，全场起立鼓掌。他张开双臂，向后仰去，尽情地吸收着这些能量。

如何吸收"正能量"？

这里有几种练习"吸收正能量"的方式。

➤ **与伙伴一起**

如果你和伙伴们一起工作，让他们对你说一些积极的话。

➤ **在日常生活中**

如果在你的日常生活中，正好有人通过眼神或言语向你表达肯定，你就可以练习接受这种正能量。

➤ **一个人的时候**

如果你是一个人，可以对着一面镜子，或者只是坐在那里，对自己说一些肯定的话语。

与伙伴合作

在本书中，我们将介绍一些能量平衡工具，用于集中你自己的注意力和处理现实生活中的各种情况。你也可以用这些工具帮助朋友吸收"正能量"。

和一位朋友坐在一起：

人物 A

1. 对人物 B 说一些积极的话。
2. 想象你的心在向他传递这种温暖的能量。

人物 B

1. 吸收向你涌来的能量。
2. 想象这股积极能量充满你的身体并滋养你。

角色互换，再做一次练习。

练习 6.2：让正能量进入

1. "想象"正能量来了

发挥想象力，"想象"正能量向你涌来。

2. 成为接受者

想象你的能量场变得开放和容易吸收能量。向帕瓦罗蒂学习，张开双臂，吸收能量。

3. 吸气

吸气将能量带入我们体内。（呼气将能量排出）

4. 让自己充满正能量

吸气时，想象这些正能量深入你的体内。想象它们充满你的身体，带给你活力和温暖（或这些能量所携带的任何特质）。

5. 与之同在

暂停片刻。与这种感觉同在。让自己消化你刚刚吸收的能量。

快速参考要点：

1. "想象"正能量来了
2. 成为接受者
3. 吸气
4. 让自己充满正能量
5. 与之同在

如此简单，而且如此有效。我们总是惊叹于吸收正能量的强大力量。

我们还惊奇地发现，有那么多的正能量可以为我们所用。我们可以在与人相处的诸多时刻，吸收人们传递给我们的美好能量。每当我们经过一朵花或一棵树，置身于大自然，或在开阔的天空下，都会获得滋养我们的正能量。

我，卡比尔，记得在一次研讨会后感到疲惫不堪，于是去了一个公园，那里有美丽的花朵。我站在那里，有意识地敞开心扉，吸收大自然的生命力。我很快就感觉恢复了活力。有意识地打开你的系统，成倍地吸收正能量。

今天，请花一点时间，有意识地打开自己，吸收正能量。

从大自然中汲取生命能量

通过吸收正能量来充电

通过吸收正能量，你可以让你的能量场充电，重新获得活力。

你可能看过武术家击穿厚木板或击碎砖块的演示。他们就是通过聚集能量，然后

69

集中释放出来。我们可以从他们身上学到一项非常宝贵的技能——如何聚集能量并使其发挥效力。

试想一下，如果一台设备的电池没电了，它就会"死机"。只要换上一组新电池（或给电池充电），它就能重新运转起来。

我们的能量场也是如此。把你的能量场想象成一个需要充电的大型电池。你的电量可以是满的、有活力的，也可以是没电的、枯竭的。

> **定义：充电**
> 充电是一种让能量场变得充盈的状态——就像电池充满电一样。充电为你的所有活动带来活力。

关键在于收集和储存能量。第一步是吸收能量；第二步是不泄漏能量。我们将在第 8 章 "能量泄漏" 中讨论这个问题。

正能量可以来源于：

人

➤ 来自他人的温暖、爱、关心和尊重。

➤ 笑声、欢乐、愉快的谈话、启发灵感的想法。

➤ 由衷的赞美、他人的信任和信赖。

➤ 与伴侣、孩子和朋友共度的美好时光。

自然

➤ 赤脚走在大地上、沙滩上，躺在草地上。

➤ 站在花丛中，欣赏它们的美丽。拥抱树木。

➤ 攀登高山，欣赏美景，呼吸新鲜空气。

➤ 站在瀑布下，坐在河边，欣赏日出或日落。

➤ 仰望星空、月亮，感受宇宙的神奇。

动物

➤ 来自宠物的爱与温暖；聆听鸟儿的歌唱，赏蝶，对花栗鼠微笑，或与海豚一起游泳。

食物

食物是能量，是"振动"。你吃进去的是哪种"振动"？

➤ 高频食物（新鲜有机产品）散发高能量，能提升你的振动频率和活力（波维斯量表）。低频食物（人工、不新鲜、加工、含糖或脂肪）会降低你的振动频率。

➤ 以下这些也会提高/降低食物的"振动"。

- 食物的来源
- 加工方式
- 进食环境：是否优美、令人开心？
- 食物的呈现方式：美观吗？是带有爱心来制作的吗？
- 进食时的情绪：愉悦、放松？

美

➤ 音乐、舞蹈、艺术、文学、建筑、设计等。

冥想

➤ 与深层自我连接、与生命连接。

还有很多种我们没有提到的正能量来源。

倾听你的身体和直觉。相信它。它知道什么是正能量，什么不是。

你的正能量来源于哪里？

请列出你的正能量来源清单。

_____

_____

_____

_____

_____

你吸收了多少正能量？

_____

_____

_____

_____

_____

你希望将上述哪些（或其他不在清单上的内容）添加到日常自我滋养习惯中？

_____

_____

_____

_____

7 拒绝能量进入

健康边界与自我保护

我们不想让太多能量进入我们的能量场。为什么呢？因为上一章"正能量来源"列表中的几乎所有事物，都可能"反其道而行之"，也就是说，列表中的大多数东西也可能是有害的。

来自他人的爱、关心和尊重也会有害？是的，就算是这些也会有害。为什么会这样？

首先，如你所知，你可以获得很多正能量。如果有人用充满爱意的眼神看着你，然后对你积极评价一番，那是好事。但如果他们一直看着你，一直说积极的话，这种情况能持续多久呢？即使是爱，你也只能吸收一部分，很快就会饱和。之后，你就会开始感到不安。

我们不能总吸收正能量的另一个原因是正能量往往伴随着次级能量。例如，有人爱你，充满爱意地看着你，真心地赞美你。但是，他们也缺乏安全感，也想得到你的关爱和认可，他们的赞美带有几分贪婪、需要和依赖。那一刻，他们爱的能量并不纯净。

这种情况经常发生。事实上，我们做的任何事情或传递的任何能量很少不附带其他东西。

以笑声为例。开怀大笑会让你感觉非常良好。笑声能让人精神振奋，充满活力。但现在听听那些普通的笑话和随之而来的笑声。很多人笑是因为某人的不幸，或者是对某人的贬低，是一种嘲笑。笑声往往附带着许多负能量。

正能量伴随着负能量
赞美掩盖了对认可的渴求

负能量

"负能量"是什么？

负能量：

➤ 具有破坏性

➤ 造成损害

➤ 带来痛苦（尽管痛苦也可能有积极作用——例如，对某人说真话，虽然最初会伤害他，但会促使他改变限制性的性格，从而使其生活更美好。）

➤ 对生活没有帮助

➤ 抑制生命能量流动

➤ 抑制正能量

负能量限制了生命正能量的流动。

玛丽对她的新计划充满热情，她打算提前退休，在法国开一家民宿。她是一个出色的厨师，她和丈夫过去 10 年都在学习法语，他们在波尔多（Bordeaux）附近买了一套房子。玛丽把她的计划告诉了她的同事，但她的同事并没有被她的热情所感染，反而说："你为什么要放弃你的工作？难道你不知道法国人是如何为难外国人的吗？你的计划永远不会成功！"

你很可能遇到过这种情况，或者对别人做过这种事。你对某件事充满热情。你同朋友分享了它。他们不但没有被你的兴奋所感染，反而告诉你为什么它行不通，为什么它不好，为什么你不应该这样做。

这并不意味着人们应该总是同意你的观点。你需要的是能够对你坦诚相告的人；如果你的想法有不足之处，有人指出来是一件好事。但是，一个人可以对你想法中的不足之处提出质疑，并仍然保持积极的态度。不幸的是，我们有很多人习惯性地给别人泼冷水、挑毛病，让别人高兴不起来。

过分挑剔、找茬、咄咄逼人或轻视他人的人是消极的。控制欲强、喜欢限制他人的人是消极的。抑郁或心情沉重的人也是消极的。宿命论者或悲观主义者是消极的。因为恐惧，其人生态度基本是"不能""不要"或"不会"的人是消极的。抱有受害者心态的人是消极的。

你知道谁是消极的吗？镜子里的那个人是不是呢？

那么，消极对你会有什么影响呢？

消极限制了生命的流动。生命能量是"正向的"。它希望前进、体验、探索、发现、创造、联系和行动。负能量会破坏它，阻碍它，限制它的流动。

我们周围有很多负能量。但这并不意味着你必须吸收它。你可以拒绝让它搅扰你。

辨别什么是积极的什么是消极的

怎样才能知道什么是积极的还是消极的呢？这个问题不容易回答。首先，我们需要变得更加敏感，这需要练习。其次，看似消极的东西可能正是你成长所需要的。例如，有人向你发泄愤怒，一般会被认为是消极的；愤怒可以撕裂和伤害你的能量体。但是也许那个人的愤怒是有道理的。也许你需要被当头一棒，才能明白你正在做一些无意识的、不健康的事情。在这种情况下，他们的愤怒最终会变成积极能量。

我们处理的负能量：

来自他人	来自环境
•批评	•空气污染、水污染、土地污染
•挑衅	•机器
•嘲笑	•电子、电气振动
•控制	•人、交通、机器、飞机和动物发出的噪声和不和谐的声音
•抑郁	
•恐惧	•密集和拥挤
•受害	•腐烂

有一种观点认为："能量就是能量，没有正和负之分。我们只需学会如何处理它。"我们在一定程度上同意这种观点。归根结底，能量就是能量，没有好坏之分。但是对生命有限的人类来说，肯定有些能量比其他能量更不利于健康。

那么，如何辨别哪种能量更有益于健康呢？没有固定不变的规则。不过，有几条有用的准则。

▶ **相信你的直觉**：学会倾听自己的感受，并相信自己的直觉。是否感觉"不对劲"？你可能无法说出确切的原因，但你内心深处总觉得面对的能量有什么地方不对劲/不健康。相信自己，很多时候，事情表面上看似很"美好"，但在其背后却有其他不太好的东西在作祟。

随着时间的推移，我们会逐渐形成一种叫作"真实感"的东西。这是一种洞察力，它能分辨出事情的真相，知道事情是真的还是假的，以及是否存在次级暗流。虽然我们不能在一次简单的练习中说"这是如何训练的"，但我们希望通过指出这种感觉的存在来引起你注意，并且逐渐学会倾听它。另外，你还可以做一些觉察练习来强化你的直觉。

➤ **倾听你的身体：** 你经常会感到紧张、"结巴"、痉挛，或者你的身体/心理会以某种方式告诉你有些事情不对劲。注意这些细微差别。你很容易忽视这些事情。不要忽略！当内心的小铃铛响起的那一刻，请倾听它的声音。寻找它在告诉你什么——即使看似很荒谬——通常不是这样。

➤ **获得教诲：** 如果某些事情看似消极，但是否有一种需要了解"真相"的感觉？问问你自己："我需要从中学到什么？"

能量侵犯

任何未经你意愿进入你能量场的能量都可能是一种侵犯。如果有人对你充满敌意，他们的能量击中你，让你感到崩溃——那么他们就是侵犯了你。如果有人对你过于情绪化，就像本书前面故事中的安东尼奥一样，那就是一种侵犯。有人控制你——这就是侵犯。有人对你充满爱意——但你在那一刻不想要或不愿接受——这也可能是一种侵犯。有人出于好意对你关怀备至，就像卡比尔的母亲在餐桌前努力照顾他一样，但背后却有潜意识的动机——这也可能是一种侵犯。

定义：能量侵犯
任何未经你意愿进入你能量场的能量都可能是一种侵犯。

这意味着我们一直在被侵犯。每天会有多少人或者事物侵入我们的边界，实在难以想象。这种侵犯不但来源于人，也可能来自动物或无生命的物体。走在繁忙的城市街道上——交通噪声、声音、机器、电话、电脑发出的电子辐射——所有这些东西都在侵犯着我们的能量场。

保护个人空间

保护自己不受侵犯是一项非常重要的能量技能，而这要从了解边界开始。

在下面的章节中，我们将探讨如何保护以及强化你的边界从而避免受到侵犯的一些方法。在了解边界的过程中，你可能也会发现自己在某些方面侵犯了他人。我们将在第 12 章详细探讨能量侵犯。

你的能量场从身体向四周辐射大约 1 米。与其把自己看成一个被能量场包围的身体，不如把自己看成一个直径 2 米的能量球，身体位于能量球的中心。你的能量场就是你自己。你的整个能量场直径大约 2 米。这就是你的空间。

定义：个人或"神圣"空间
你的能量场从身体向四周辐射大约 1 米。这就是你的"个人空间"。

我们称之为"神圣空间"，因为它是神圣的。你的能量特殊且重要。它需要被照顾和保护。这就像穿着漂亮昂贵的衣服。你不希望让一只泥泞的狗跳到你身上。你的能量场也是如此。当你处于中心和平衡状态时，你的能量场美丽明亮、干净清晰，而且处于流动状态。你不希望别人把一堆厚重、浑浊、肮脏的负能量扔到你身上。

但这种情况确实会发生。人们在不知不觉中把自己的负能量倾泻到别人的能量场中。有时他们会直接这样做，比如，有人贬低你的热情或攻击你。很多时候是间接的。当一个人情绪低落或不开心时，他的周围就像笼罩着一层乌云，无论附近有什么东西，都会被乌云粘住。他们并不是故意要对你做什么。但无论如何，他们的"乌云"会影响到你。

那该怎么办呢？

你能做的就是划定你的边界，保护自己的能量，保证自己的空间完好无损。

定义：边界
阻止能量进入的能量场外缘。

边界——能量场的边缘

定义：有意识的界限
有意识的界限是一种能力，它能竖起一堵保护墙，不让不该进来的能量进来。

人类的能量场有点像鸡蛋，不仅形状相似，而且在外部有明显的边缘。就像鸡蛋壳可以防止蛋内物质外泄，并防止破坏性能量进入，我们能量场的外缘也构成了一个界限，阻止能量的进出。

然而，人类能量场的边界与蛋壳的边界不同，我们的边界可以改变。有时，它可以是柔软多孔的，让能量进入；有时，它可以是坚硬且不透气的，没有任何东西可以穿透。你有能力控制你的能量场边界。

为你的能量场建立一个保护边界。

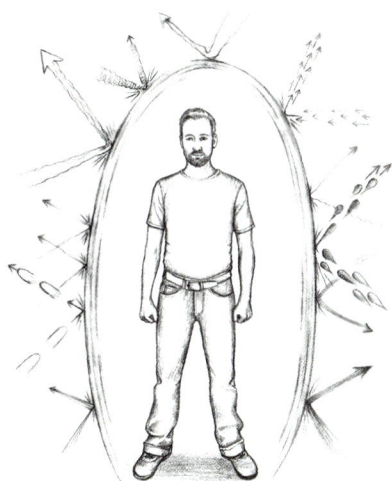

我们能量场的保护边界

能量场的边界可以防止"能量"进入

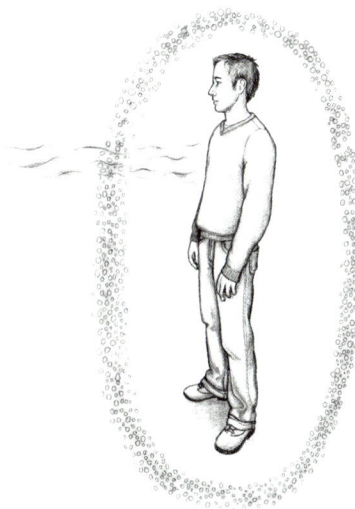

能量场边界的灵活性

能量场边界可以打开，可以渗透，让"能量"进入，也可以关闭，变得不可渗透，从而起到保护作用

练习 7.1：保护自己

A. 准备

1. 观想自己散发出能量

想象你的能量场向四周辐射约 1 米。

2. 感受能量场边界

感受能量场边界，想象可以看到这个边界。

3. 关闭边界

现在想象一下，你正在关闭边界，使其变得坚不可摧。

B. 核心练习

4. 建立保护边界

伸出你的双手，与正前方保持一臂的距离，**掌心朝外**。就像画家用手作画一样，双手从正前方向两侧移动，想象你正在加强能量场的保护边界。检查你周围的整个能量场边界。

C. 完成

5. 将能量弹开

感觉完成后，在脑海中想象能量向你袭来，但被你的保护边界弹开。

快速参考要点：

1. 观想自己散发出能量
2. 感受能量场边界
3. 关闭边界
4. 建立保护边界
5. 将能量弹开

做得不错！练习也很简单。控制能量场并不难。随着时间的推移，你会变得更加熟练。从一开始，我们就可以掌握很大的能量控制权，这实在令人惊叹。

为自己筑墙的潜在危险

我们中的许多人都在自己的能量场筑起了保护墙，而且一直没有拆除，这是一个潜在危险。你可能多年甚至终生都背负着一道墙。你可能认识一些人，他们给人的感觉是冷酷、强硬、封闭或无法接近。这是有原因的——因为他们给自己砌了一道墙！

在精力充沛的时候，他们会在自己的能量场中筑起一道墙来保护自己的脆弱。也许他们会在某个安全的空间里——在家里，陪伴爱人、孩子和狗，或独自在大自然中——放下心防。但对很多人来说，即使是在这样的安全空间里，他们也无法卸下墙。有时候，你可以短暂地放下这些墙，然后你打

我们能量场中的墙

我们能量场中的墙可以保护我们——但也会让我们变得无法接近。墙可以在一瞬间砌起，并保持数年甚至一生

开了一小会儿，因为关闭的模式太强大了，墙又会重新砌起——即使你并不想这样。

我们大多数人（除了一些明显的例外）的能量场中有许多道墙，不仅可以保护我们的外缘，而且在内心深处也有围墙。其中许多道墙几乎一直存在，悄无声息但却在后台发挥着强大的作用。

我们提到这一点，是想让你在能量场建立保护边界时保持警惕，不要把能量场的保护边界留在那里。如果你刻意关闭，那么以后当你有安全感时，一定要刻意打开。

现在，让我们打开能量场的边界。

练习 7.2：重新打开自己

1. 双手准备

双臂向前伸直，掌心朝内对着自己，手指放松。

2. 消解能量场边界

双手向自己的方向移动，每次移动约 15 厘米。想象双手正在消解能量场边界，帮助能量进入体内。动作要轻柔。在脑海中想象坚硬的外壳变得柔软多孔。

3. 让能量重新进入

观想"正能量"从你的能量场边界进入你的体内。想象自己是一块海绵，把能量吸收进来。

快速参考要点：

1. 双手准备
2. 消解能量场边界
3. 让能量重新进入

打开能量场边界
用你的双手移除墙，打开能量场边界，让自己变得可接近

打开还是关闭边界——两者都有其用处，最重要的是知道自己需要或想要打开还是关闭边界，并知道怎么做。

今日练习 7.3：打开还是关闭？

在今天的日常工作中，注意在哪些情况下你希望打开能量场，在哪些情况下你希望保护自己。根据需要练习打开和关闭能量场。

避开能量

能量辐射可以是全方位的（同时向所有方向辐射），也可以是定向的（向某一特定方向辐射）。定向能量从身体的各个部位辐射出来，指向一个特定的方向，通常是朝前。就像你可以把花园里的水管对准特定的植物一样，你也可以把能量对准特定的方向。

例如，你和一个情绪激动、愤怒不安的人在一起。这种情绪是全方位的，因为它向四面八方辐射，但它也是定向的，来自特定的区域，并流向前方。如果你直接坐在那股能量的正前方，那么你的能量体就会受到直接冲击。哎呀！

解决方法很简单——避开！走到对方的旁边，不要站在他们的正前方。此外，稍微转动一下身体，这样你能量场前部的敏感区域就不会直接对着他们。我们能量体的侧面没有正面那么敏感。这两个办法都会减轻负面能量对你的影响。

发生冲突时（现在这种情况很少见，但还是有可能发生！），我们都知道要侧身转过去。当然，生气的人通常会失去理智，想把怒气发泄到对方身上。这时，接收者可以说："我可以倾听你的愤怒，但不要直接把愤怒发泄在我身上。转过身去，这样我就不会受到冲击。"

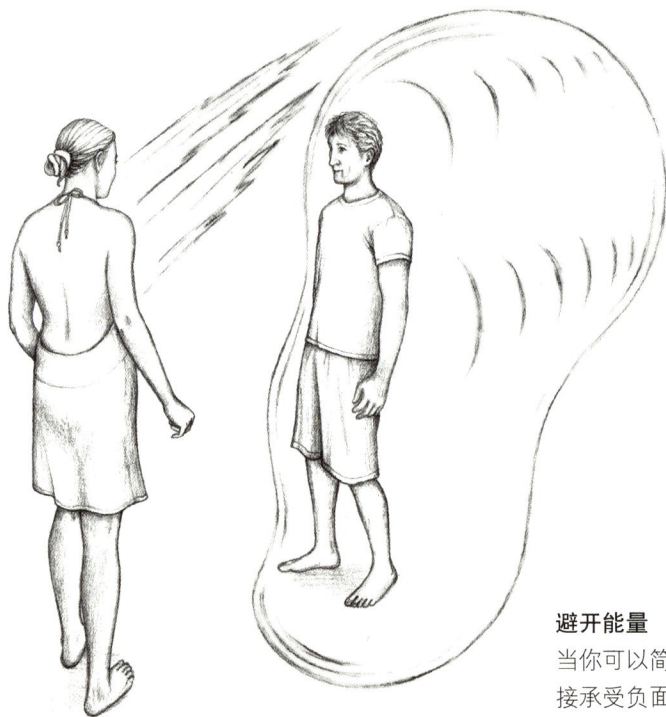

避开能量
当你可以简单地避开时，为什么要直接承受负面能量的冲击呢？

对空间的能量觉察

对空间进行能量觉察是一项宝贵的技能。这表示你可以觉察到在你的能量场周围发生什么事情，以及这些事情对你的影响。

例如，你去餐厅用餐，有人坐在你正后方，你们之间只隔一个座位。你们坐在彼此的气场中。这对你的能量场很不利。

有时你对此无能为力，如在火车、公共汽车和飞机上。不过，你可以使用练习 7.1 作为辅助，帮助你建立能量场的保护边界。但很多时候，你可以改变这种情

餐厅里不好的位置

觉察这些场所的能量，
选择适合自己的位置

餐厅里的好位置

况。例如，在餐厅就餐时，环顾四周，找一个人们离你较远的座位，然后要求在那里就座。另外，不要坐在你身后就是繁忙过道的位置上，以免他人走过并影响你的能量场。

虽然说"风水"（能量流动）这个话题对本书来说太过宏大，但我们还是要提醒你注意自己所处的位置。如果你坐在正对门口的房间里，就意味着你正在吸收令人不安的躁动的流动能量。相反，你应该选择一个能量比较平和的地方。当你开始关注建筑物和某个空间内的能量流动时，你就会感知到哪里对你是有益的。

说"不"

虽然我们不打算在本书中探讨太多能量模式背后的深层心理问题，但我们还是想提醒你注意"不"这个字背后的运作原理。我们很多人都是"好人"——大好人。我们不能说"不"。我们被一种道德和伦理所束缚，认为自己不可以自私，不能以自我为中心，这让我们很难说"不"。

有人让我们做一件事。我们通常会说"好"，但内心却感到怨恨，因为我们真的想说不。有人很兴奋或情绪激动，想告诉你，而你认为你必须听。你不敢说："对不起，我现在不方便听。"

当我们在培训中讨论这个问题时，你几乎无法相信人们是如何在说"不"的问题上磕磕绊绊、挣扎不已，甚至几乎噤若寒蝉！想一想这个问题：如果你不能说真正的"不"，那么你也不能真心地说"好"。只有当你能够切实地掌控自己的空间，你才能自由地、出于自己的选择，把自己的空间向另一个人开放。这对于自己和他人都是件好事情。

女人向男人倾泻能量

学会说"不"，停止接收
对我们不健康的能量

男人对这些能量说"不"，并保护
自己的个人空间

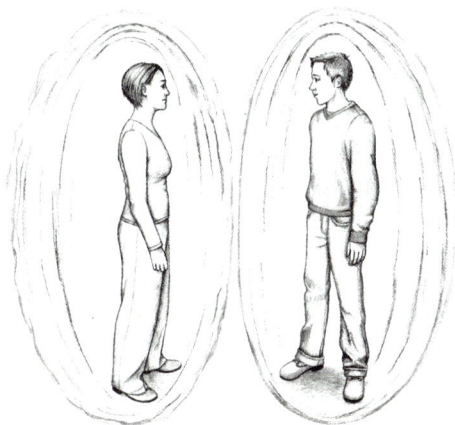

对他人说"不"，就是对自己的个人空间说
"好"。这有助于你们双方都回到正确的位置

意识练习 7.4：说"不"

　　我们想推荐一个具有挑战性的练习。今天就对某个人说"不"。如果你还做不到，至少要诚实地告诉自己你想说"不"，并留意不健康、不诚实的"好"对你产生的影响。你可以试着在内心说"不"而不表达出来。

8 能量漏洞和界限圈

定义：界限圈
"界限圈"是柔软的界限边缘，可以阻止能量流出或越过某个特定范围。墙是阻止外部能量进入的边界。界限圈可以阻止你的能量流出。

一个自然界限圈：一滴水

界限圈不是一堵保护墙，阻止外界能量进入，而是一个能量场的边缘，起着遏制能量流出的作用。虽然界限圈也能阻止能量进入，但在本章中我们的重点是防止能量流出。

举一个你所熟知的例子——水滴——可能也是最好的例子。水的表面张力将水滴聚集并赋予其独特形状。如果没有这个"界限圈"，水就会四处流淌，水滴也会消失。水滴的界限圈并不是一堵坚硬的墙，但它确实起到了边缘的作用，形成了一个容器。

人类的能量场天然有一个界限圈。它的作用是使你保持完整，防止你的能量过多向外流出。

不仅整个能量场有界限圈，能量场的特定区域也有界限圈。每个能量中心也天然具有一个能将能量留在其中的界限圈。

打破自身边界

我们在"界限圈"上遇到的问题是，我们会在不知不觉中打破这一自然边界。这样会造成我们的能量流失，使我们失去平衡。

我们打破自身边界

我曾与一个关系特别好的朋友在一家办公室共事。每天他都会用他那响亮的声音热情地和我打招呼："早上好！"而我几乎每次都差点从椅子上掉下来！

有一天，我们谈到这件事时，他沉思了一下，然后说："我的心就像一只大宠物狗。当我和我爱的人打招呼时，我就会跳起来扑向他。现在看来，我这一生都在冲撞别人！难怪人们都躲着我！"

他说："现在我们讨论这个问题，我才意识到为什么在我用这种方式和别人打招呼之后，我总会感到一种微妙的不适。尽管一方面我觉得很开心，但之后我又会觉得胸口有种奇怪的紧张感。"

他不仅触犯了我的边界，也触犯了他自己的边界。他的心在胸中强烈地跃向另一个人，越过了他自己的能量场边界。

打破自身边界
当你的情绪过于强烈时，你会很容易打破自身边界

你要学习的是有意识地控制。你要有意识地对自己说："控制能量。不要让它们扑向对方。"你可以内心充满热情，但不要强烈地传递给对方。在那一刻，你建立了一个界限圈来遏制你的热情，让它以健康的方式表达出来。这并不是说你不表达，而是说你在表达时保持了适当的平衡，没有越过自己的能量场边界。

一旦你明白了这一点，你就可以有意识地建立一个"界限圈"。这将会非常有用。其实，这是你需要学习的一项非常重要的能量技能。

界限圈的好处：

➤ 保留、存有你的能量，让你的能量不断积聚，为你充电并带来活力。

➤ 使你的能量保持平衡，强化你的核心。

➤ 拥有一个清晰的界限圈，你就拥有了一个属于自己的纯净空间。这是你的神圣空间，你的存在空间。在这里，你可以允许自己变得脆弱。在这种脆弱中，因为你有了一个可以做自己的空间，你也会发现我们所说的脆弱

环绕在我们能量场外缘的界限圈
界限圈可以留存我们的能量，防止能量外流

的力量，这种力量会充满你的能量场。

➤ 最后，当你的核心能量充盈并"填满自己的空间"，你会感觉到强烈的安全感，你会带着这种安全感活在当下。

练习8.1：构建界限圈

A. 准备工作

1. 做一个简短的树的练习（见练习4.3）

扩展你的树根，让自己接地，通过核心通道呼吸，扩展你的树冠。想象自己的能量向四周拓展约1米。

B. 核心练习

2. 将能量场的边缘凝结成界限圈

➤ 双臂前伸。手掌朝向身体。现在，将双手慢慢向身体内侧移动约15厘米。做这个动作时，想象自己在凝结自己能量场的边缘，使其凝固。

➤ 围绕整个能量场做这个动作——正面、背面、侧面、顶部和底部。观想看到这个界限圈成型，在能量场形成边界，保护自己的能量不向外流失。

➤ 当你的能量场形成清晰明确的边界时，让你的双手放松、休息。

3. 想象界限圈包裹住你的能量

在脑海中想象界限圈的画面。观想整个能量场的边缘都已清晰界定，但又不像墙那么僵硬。这个界限圈包裹住了你的能量，保证你的能量不会流失。

C. 完成

4. 测试你的界限圈

现在慢慢睁开眼睛。你的界限圈是否仍然强韧？还是因为向外看而减弱了？不用担心！只要再次想象，记住它带给身体的感觉。

快速参考要点：
1. 做一个简短的树的练习4.3
2. 将能量场的边缘凝结成界限圈
3. 想象界限圈包裹住你的能量
4. 测试你的界限圈

其他打破自我边界的方式

性吸引力撕裂腹部区域

意愿/行为撕裂太阳神经丛区域（你应该！我要！不！什么！）

思考撕裂第三眼区域

界限圈容纳性能量

特别建立的界限圈会容纳一些超越我们能量场边界的能量。界限圈并不会压抑这些能量，相反，界限圈会引发一个转变的过程。界限圈可以容纳、控制、重新引导并最终转化这些能量

能量漏洞

📖 **定义：能量漏洞**
我们的能量场里一个或数个能量流失的地方。

能量漏洞

界限圈的作用之一是让你的能量保持完好并为你所用。把你的能量场想象成一个容器。当的界限圈不健康时，就像容器上有了洞，我们的能量就会因此而流失。我们戏称这种能量场为"瑞士奶酪能量场"——满是孔洞，使得能量不断消散。

情绪低落和压力都会消耗大量能量，还有少量的能量流失，我们通常都不会注意到，但这会慢慢消耗我们的能量。例如，走在街上，注意力分散，想太多，讲话太多，等等。

能量漏洞举例

大的能量漏洞	小的能量漏洞
情绪低落	注意力分散
压力	讲话太多
情绪激动	过度关注外界
能量嘈杂混乱的环境	想太多

👉 **练习 8.2：修复能量漏洞**

A. 准备

1. 感知能量漏洞

双脚站立，与肩同宽。感知自己越过边界、流失过多的能量。仔细感觉自己的能量越过边界、流失过多的位置。

B. 核心练习

2. 重新收集流失的能量

关注能量流失过多的位置。现在用双手将能量收拢回来，让能量靠近身体。相信你的直觉会告诉你恰当的距离，但在一开始可以让双手距离身体大约一臂长，然后将能量重新聚集到大约半臂的距离。练习几分钟后，你会发现那个区域感觉不一样了。你会感觉更舒适，能量更充沛。

3. 修复能量漏洞

想象你的双手可以修复能量泄漏，抚平该区域的边缘，并贴上能量创可贴。现在你的能量不会那么容易流失了。想象一个生动的蛋形能量场包裹着你，保护着你。

C. 完成

4. 在修复好的能量场中放松休息

现在让双手休息放松。想象你的能量场边缘被密封，同时又不是墙。你的能量被容纳其中，并完全为你所用。

快速参考要点：

1. 感知能量漏洞
2. 重新收集流失的能量
3. 修复能量漏洞
4. 在修复好的能量场中放松休息

练习 8.3：日常能量漏洞觉察练习

今天你可以做一个简单的觉察练习。记下你的注意力和能量向外移动时所发生的诸多情况。问下自己——这是带来了能量还是消耗了能量？另外，需要提醒的是，很多时候，走出自我会立刻给我们带来能量——这可能很振奋或很有吸引力——但稍后我们的能量水平会大幅下降。

9 健康与不健康的"能量进入"

健康与不健康的"能量进入"方式

> "这是内心深处的呼唤，而不是被动的反应；不是像狗一样蜷缩在寒冷中，而是像鹰一样向内翱翔。"
>
> ——贾拉尔丁－穆罕默德－鲁米（Jalal al-Din Muhammad Rumi）

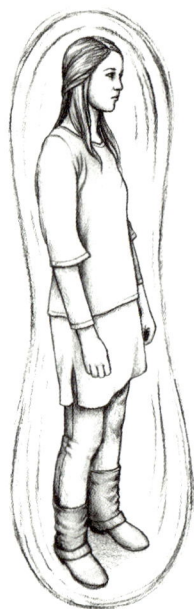

一个能量场收缩的人
能量以不健康的方式进入

从能量角度来看，能量进入有一些健康的方式。鲁米这样描述"像鹰一样向内翱翔"。健康的方式是当你的能量向你的中心、你的核心流动，你会与能量相契合，可以在内心安息。

鲁米同时说"不是被动反应；不是像狗一样蜷缩在寒冷中"，他借此提到了"能量进入"的不健康方式。在这种"能量进入"中，我们的能量场会收缩、退缩，变得紧绷和狭小。

当你受到攻击和伤害时，你就会感受到这一点，你体内的某个部分就会退回到内心深处；或者，当你感觉对自己失望的时候，你的能量也会退缩。

不幸的是，我们很多人的能量场中都有一部分几乎是永久性的退缩。早年发生的事情让我们退缩了。多年后的今天，我们仍然退缩着，几乎固定在某个位置上。

更深层次的自我收缩

你的内心深处可能是收缩的，但不表现出来。你的能量场表层可能是明亮和外向的，而深层却是退缩的、冻结的。

这些能量收缩让你变得渺小，限制了你的能量流动，而且还会破坏你的人际关系。它们就像一扇扇紧闭的门，阻碍了亲密关系的发展。他人可能会感到被你拒之门外或者你不喜欢他们。有时他们会退缩并远离你。其他时候，这可能会引发他们的需求，让他们更大声地敲响你紧闭的大门。你越是紧闭大门，他们越想敲开，这会形成一个恶性循环。

另一方面，这些能量收缩会在你没有意识到的情况下，邀请他人占据你的空间，而使你进一步收缩。这种机制通过本能发挥作用。你听过"鸡群中的等级"这个说法吧。最顶层的母鸡会啄击下面的母鸡，下面的母鸡又啄击比它更下面的，以此类推。人类社会也是如此。

当你收缩自己的空间时，你就是在放弃自己的空间；其他人会抢占你的空间。他们会本能地认为你是弱小的、易受伤害的，因此是可以被欺负的，于是你就会被欺负，导致你收缩得更厉害。恶性循环会使你变得越来越小。这种机制常见于群众暴力、等级制度、滥用权力和支配地位的情况下。

外部明亮，深处收缩的人

玛加丽塔的故事："拉开帷幕！"

观众们都站了起来，鼓掌并要求加演。"我们成功了！"在幕后，我和我的纽约钢琴师欣喜地看着对方。这是多么美妙的时刻。我的心因喜悦和感激而跳动。我们的演奏会《月夜梦》取得了圆满成功！余音缭绕……我们深受鼓舞。

突然间，记忆袭来……

……音乐是我儿时的魔法世界。五岁时，我就开始弹钢琴，每当听到音乐，我就会当场手舞足蹈……直到有一天，在学校里同学们都嘲笑我，我第一次感到羞愧……

……14岁，我读寄宿学校。我喜欢在唱诗班唱歌，在排练时弹钢琴，还上了第一堂指挥课。但我觉得自己和同学们很不一样，包括说话的方式、穿着打扮以及如何度过空闲的时间。我开始躲进黑暗的图书馆和自己的小房间里，或者用一架未调音的家用小风琴来淹没我的孤独……

……当我告诉我最喜欢的教授——我刚顺利完成了指挥和管风琴演奏的硕士学业——我想学习声乐时，他只是皱着眉头说："我认为你的嗓声和魄力都不足以达到专业水平。"这让我感到失望和羞愧……

但我还是抑制不住内心的渴望，我告诉自己，"无论如何，我都要学会自由地歌唱。"我终于被声乐教育专业录取了。

最后……

……在纽约市科尼利厄斯·里德（Cornelius Reid）的录音室里，我度过了很多快乐的时光。有一次，我正在唱一个长高音，开始很勉强，直到突然间我体内的某个地方打开了，发出一种美妙而有力的声音。我几乎不敢相信那是我发出来的声音……

　　我的钢琴师轻轻碰了下我，我回过神来。我的梦想成真了：我在这里，作为一名专业歌手，在后台等待着，等待返场演出演奏舒曼的《月夜》。观众还在鼓掌和欢呼。现在出场吧！

　　当然，我作为歌手的成功并非一蹴而就。这不仅仅是因为声乐训练，而且因为我的自我探索。我后来逐渐意识到，曾经我的能量被冻结了；在学校里，我退缩了，为了保护自己，我砌起了一堵无人能捅破的墙，但这样做却无意识地收缩了我的能量场。这种能量冻结的状态阻塞了我的核心，使我的能量变得迟钝。难怪没有人相信我能成为一名了不起的歌手！

　　在内在工作的过程中，我明白，只有当我将被冻结的能量解冻，重新打开我的情感和脆弱，才能释放出我真实的声音和最大的天赋。

　　经过多年的探索，我终于遇到了良师，他们不仅信任我，而且知道如何让我释放被冻结的能量。我花了好几年的时间，才从能量上、心理上以及身体上释放出我真实的声音。

　　但一旦我发出了真实的声音，我就获得了全新的生活。如今，作为一名歌手、声乐教练和能量治疗师，我都取得了成功。我帮助人们打开真实的自我，让能量自由流动，让他们从内心深处发声，更自发地表达自己。

打开更深层次的自我

　　如果你觉得自己的能量被冻结、紧缩，处于逃避状态，这表示你曾经接受了不健康的能量进入，你被禁锢住了。

　　下面是一个打开这种不健康能量进入状态的练习。这个练习会为你的内心打开空间，让你的内心得以扩展和呼吸。这不是一蹴而就的。每次做这个练习，你就会打开一点。坚持一段时间后，你就会慢慢地以不可思议的新方式敞开心扉。

👉　　**练习 9.1：融化"能量紧缩"状态**

A. 准备

1. 感受紧缩

把你的意识带到你感到收缩的位置。你可能感觉到身体里有一个结，或者感觉到麻木或冻结，或者感觉到被囚禁在一个紧绷的能量场中。注意身体和/或能量场中的这种感觉。

B. 核心练习

2. 融化紧缩的地方

把注意力放在这个紧缩的位置，做几次深呼吸。想象你的呼吸开始融化这个冻结的地方。感觉心结变得柔软，紧绷的地方越来越放松。

3. 用双手扩展紧缩的能量

➤ 继续呼吸，现在将双手放在你感觉到紧缩的身体部位。

➤ 观想你的手接触到这个更深处的地方。然后轻轻地向外移动双手，打开你能量场的那个区域。感觉它就像一块精致的能量布，你轻轻地用手指把它拉出来。

➤ 想象你的核心变得柔软、膨胀。你可能会注意到自己的呼吸更轻松、更深沉。你的能量场也变得更宽广、更充盈。

C. 完成

4. 感受自由

感受自己重新拥有空间。感受存在的自由。

将紧缩的能量重新释放出来

快速参考要点：

1. 感受紧缩
2. 融化紧缩的地方
3. 用双手扩展紧缩的能量
4. 感受自由

打开"紧缩的能量"，就会打开你的脆弱。深刻的感受可能会涌现出来：有时甚至是隐藏多年的眼泪；让你颤抖的恐惧；甚至是未表达出的愤怒——所有这些都可能在你的内心深处开始震动。大胆体验这些感受。接受它们的出现。现在这是一个安全的空间。脆弱接近本质。敞开心扉是你送给自己最珍贵的礼物。

打开"紧缩的能量"是回归真实自我的重要一步。"能量塑形"是一种有效方法，它能帮助你"看见"能量场中能量的形状和结构。

练习 9.2：使用能量塑形打开"紧缩的能量"

第一步：诊断

➤ **扫描：找到能量紧缩的位置**

通过双手缓慢移动穿过能量场，扫描你的能量——向上、向下、正面、侧面和背面。在某些时候，你可能想放慢或停下来，或者你的手有不同感觉；或密集，或凉爽，或炙热，或……?

➤ **相信直觉**

倾听你的双手，倾听你身体的感觉，倾听你脑海中突然蹦出的想法。不要筛选，不要漠视，敞开心扉。

➤ **找到正确的位置**

在某些时候，你会觉得"就是这里"，这里是能量紧缩的中心点。如果有多个位置，暂时选择感受最强烈的位置。

第二步：能量塑形

➤ **感知能量"形状"**

我们要用手来塑造或模拟能量的形状。把手放在这个"能量紧缩"的位置。各种感受将开始显现。例如，塌陷、打结、冻结、麻木、像石头一样沉重、空虚、沉闷、尖锐或锋利。

试着凭直觉这样或那样移动你的手和手指。某个特定的手部动作／位置会让你感觉"正确"，就好像你感觉到了能量的形状或流动。

第三步：打开"紧缩的能量"

➤ **使用双手并呼吸**

将双手放在能量塑形中找到的位置。在这里深深地吸气和呼气，为这个位置充电。感觉会开始发生变化。

现在慢慢将手放在一个更开放、感觉更健康的新位置。想象能量以这种更健康的方式打开和流动。

➤ **完全打开**

继续这个打开过程，让它扩展到你身体的其他部位。想象你的呼吸像一束明亮的光，慢慢融化你体内的结。相信你的身体：如果你想颤抖或扭动，就这样做吧。

➤ **大胆打开深层自我**

关注你身体核心的深层自我。让这个本质的你跟随你的手部动作。大胆拓展。继续运动你的手和手臂，直到它们完全打开。保持这种扩张状态几秒钟——你会迎来一个扩展、开放的你。

快速参考要点：

1. 第一步：诊断
➤ 找到你能量紧缩的位置
➤ 相信直觉
➤ 找到正确的位置
2. 第二步：能量塑形
➤ 感知能量"形状"
3. 第三步：打开"紧缩的能量"
➤ 使用双手并呼吸
➤ 完全打开
➤ 大胆打开深层自我

定义：能量塑形
能量塑形可以帮助你识别使你偏离中心的能量流动、形状和结构。

健康的能量进入——本质与内在之旅

到目前为止，我们已经了解了能量如何进入，以及如何将能量保留在自己的能量场内。这里还有另外一个含义，即你的内在，你的内心世界，与你周围的外部世界是分开的。

"学会走进内心"是你内在自我发现之旅的重要步骤之一。我们的内心有层层维度，包含着丰富多彩的情感、思想和意识世界。这本书会帮助你走进内心。

音乐家多诺万（Donovan）有一首优美的歌曲对此作了充分的阐述。

有一片汪洋大海，
她在我们内心流动。

我们每天欢快地潜入大海，
她知道谁走进了自己的内心。
天使的居所，神秘的乐土，
唯一的天堂，人类的上帝，
只在眨眼之间。

当我（卡比尔）十几岁的时候，我体验到了典型的青春期焦虑，情绪跌宕起伏，对制度、父母、学校和当局感到愤怒，同时陷入了自我判断和身份危机。就像其他很多青少年一样，我想，"如果我属于那个群体，拥有那辆好车，得到那个漂亮女生的特别关注，我就会幸福了。"当然，我也有过幸福的时刻。在那个时候，我曾觉得自己站在了世界顶端，但很快又被抛入了漩涡。

在一次反省和质疑的黑暗时刻，我回想起以前的幸福时光。刹那间，我仿佛又回到了那一刻，我很快乐。我的内心亮起了一盏灯。我意识到，如果通过记忆我可以再次快乐起来，那么快乐就是一种感觉，它存在于我大脑的某个角落，而且不管外界发生什么，我都能获得这种感觉。就好像在我的心灵深处有一个幸福按钮，如果我能按下那个按钮，我就会快乐。

慢慢地，我意识到，我曾希望拥有就能给我带来快乐的外在事物都是短暂多变的。刚买的车性能不错，但后来就坏了。上周认识的一个朋友这周又走了。还有一些人，因为拥有我没有的东西，我曾经认为他们很幸福；可是当我仔细观察时，发现他们也和我一样经历了失望，经历了生活的起伏。

幸福是一种心境，与外界事物无关

我意识到，幸福是一种心境，与外界事物无关，而且我可以获得幸福。幸福就在我心中，与外部世界无关。我拥有什么、认识谁、有多少钱、取得了多大的成功都不重要，重要的是我能够获得内心深处的快乐。

这一认知开启了我漫长的走进内心之旅。我迫切地想明白，为什么我有时能按下那个按钮，但有时却按不下去。我想找出这些会遮蔽内心太阳光芒的思绪和情感到底来源于哪里。我发现自己的成长过程中积累了大量的情绪，这些情绪堵塞了我的心灵。而与此同时，我也体验到了更深层次的幸福、更大的快乐和更深刻的洞见。

我开始了解我们的内心是多么丰富。我们的身心容纳了很多宝藏：智慧、快乐、创造力、爱等。我们只需要学会如何获取它们。

同时，我也意识到，我们的五种感官——视觉、触觉、嗅觉、听觉、味觉——都在关注外部世界。这五种感官收集的各种信息也让我们聚焦于外部世界。我发现还有一种感官，没有被提及，可以称之为"内在感官"。"内在感官"可以让我们关注和聚焦于我们的内在。

定义：内在感官
内在感官可以让我们关注和聚焦于我们的内在。

　　一旦内在感官打开，内在世界便随之开启，生命的深层财富也会一层一层、一步一步地展现出来。你会发现自己一直在寻找的快乐就在内心。你的快乐与外在生活中发生的一切无关。自由也就由此而生。你开始发现你的本质，你的核心，使你独一无二的事物，以及位于你中心最宝贵的金色存有。

水平方向
行动的层面——向内与向外

（二）能量向外

10 创造——你的创造力

创造的力量

你想让自己变得更有效率吗？你想对生命产生更多的影响吗？你想让你的关系变得更加充实吗？你已经准备好迈出下面伟大的一步了，你要去处理自己输出的能量。让你输出的能量更好地流动，是你的生活变得更好的关键。

我们通常认为自己是通过语言或行动来表达的。但是你是否意识到，你的能量体中发出了强大的能量？这些能量的形式可能是各种流线、辐射、绳索或微妙的振动。这些输出的能量以无数种方式影响着你周围的世界。

创造
能量向外输出，影响环境

能量原则 11：
我们是强大的能量传送者

每时每刻，我们的能量场都会向外发出强大的能量。

你输出的能量创造了：
➤ 自我表达
➤ 效力
➤ 连接
➤ 创造
➤ 行动
➤ 有效性
➤ 表现

每个人都通过自己输出的能量来塑造环境。我们称之为"创造力"。这是我们经由能量来有意识地生活的核心之一。

定义：创造力
通过我们输出的能量来构建和塑造周边环境的能力。

有时，只有在回顾过去时，你才能看清这种创造力的内在能量作用；而在事情发生的那一刻，我们往往是"当局者迷"，看不到真相。

在一次项目会议上，我（卡比尔）对一位团队成员感到不满。一周后，我们在另一个场合相遇。接下来我们就吵了一架。

当天晚上，当我回想发生的事情时，我意识到，我们似乎是在争论今天的某个讨论点，但其实不然——我是在表达上次会议中还未平息的愤怒。

虽然我的言语中没有明显的愤怒，但之前愤怒的能量在我的能量场中，它微妙地释放出来，击中了对方。他受到了伤害和惊吓，然后开始自我保护和攻击。虽然我并没有意识到这一点，但我其实已经攻击了我的同事，并引发了一场争论。

有意识和无意识的创造

我们将这种情况称为无意识的创造。虽然卡比尔没有意识到这一点，但他已经引发了一场争论。

无意识的创造是指你没有意识到自己发出的能量及其影响。

定义：无意识的创造
你没有意识到自己发出的能量及其影响。

你的生活中有多少事情是你无意识发出的能量造成的？你之前一定经历过与他人发生争论、冲突或相处困难的时候，而到了后来你才发现这是因为你当时所携带的潜在情绪、态度或能量影响到了你，这些才是引发这些状况的真正原因。

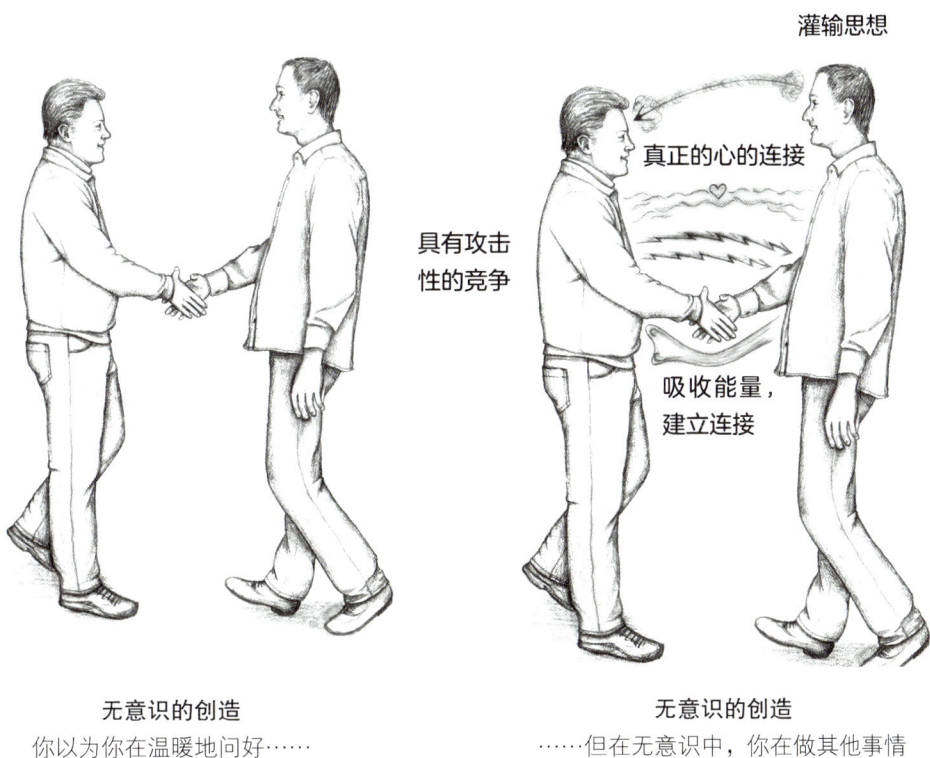

无意识的创造
你以为你在温暖地问好……

无意识的创造
……但在无意识中，你在做其他事情

定义：有意识的创造
你意识到自己携带和发出的能量，而且可以熟练地运用。

有意识的创造是指你意识到自己的能量，并有意识地利用它们来影响周围的世界。有意识的创造的技能会不断提高；一旦你开始形成能量意识并且开始有意识的创造，你的创造技能就会越来越娴熟。

我们是学习创造的创造者。

我们一边创造，一边学习。在学习的过程中，我们的创造力也会越来越娴熟。我们进入了一个创造、学习和提高创造技能的反馈循环。

"我们是学习创造的创造者。"

创造的能量

让我们把对"创造"的理解作为一种能量技能付诸实践。

想一想你想给谁一些建议；不管是什么建议，或大或小，或深刻或日常。我相信你一定能想到一个人，你会对他有一些建议。为了方便，我们用日常的建议来举例，比如"你应该买辆新车"。

让我们运用我们对"创造"的理解——它不仅是你传达的语言，还有语言所蕴含的能量。为了突出这一点，我们会用手部动作来表达同样的话。在现实生活中，我们通常不会用手做这些动作，但在我们的内心深处，我们正是这样使用能量的。因此，我们用手来做动作辅助这个练习，这样可以更好地阐明能量。

你可以自己做，但如果有伙伴和你一起做，那就会更好。

练习 10.1：探寻创造的能量

1. 将双手放在胸前，**掌心朝上**。现在，一边将双手慢慢向前移动，一边说"你可以买辆新车"。注意这个动作带来的感觉。

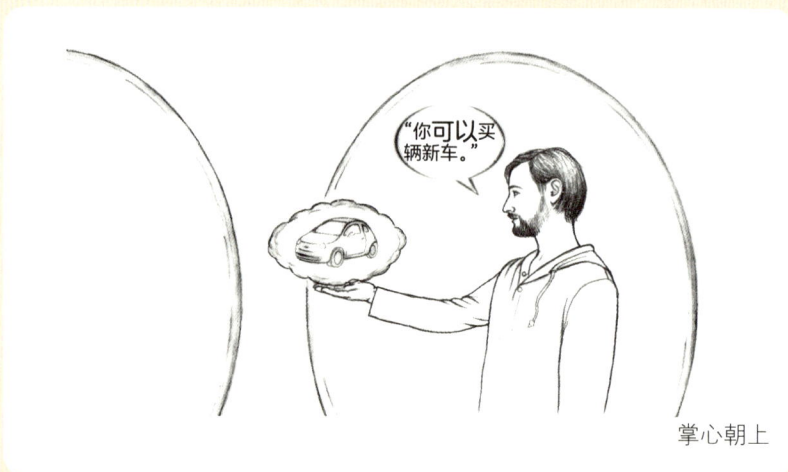

掌心朝上

2. 现在再次将双手放在胸前，但这次**手掌朝外**；双手向外推出，远离身体，同时说"你应该买辆新车"。

手掌朝外

3. 最后，**右手握拳**。把它举到耳朵旁边，就像拿着一把锤子。现在说"你必须买辆新车"，同时向下用锤子敲击。

用拳敲打

注意以上情境下每次不同的感觉。

差别很大！

第一次掌心向上的动作提供了温和的能量。

第二次掌心向前，将这个想法传递给对方。

第三次，拳头向下敲打，将这个想法砸进对方体内。

我们每次向他人表达自己时，都在以类似上述的方式向外传递能量，而人们也会做出相应的反应。

今日练习 10.2：观察正在进行的创造

我们建议你今天在与人交往时尝试一下这个练习。当你向他人表达自己时，观察自己的行为表现。你的能量是如何流出的？它如何影响对方的能量场？观察他们的能量如何流出以及对你的影响。

责任感——这种观点转变会带来深远影响

既然你已经开始意识到自己的创造力，那么让我们进一步探讨责任感。责任感是我们对创造的事物带有一种负责或"认定"的态度。

定义：责任感
责任感是对我们创造的事物带有一种负责或"认定"的态度。

这是一个看似简单的观点转变，但却能深刻改变你的生活。尽管有许多附加说明，也有很多不正确的地方，但现在，请把这句话当作真理。**"我创造了生活中所发生的一切。"**

把这句话应用到所有的生活场景中——你的情绪、你的人际关系、他人的行为、你的健康、你的收入和你的生活状况。即使身体中的某个你说"好吧，那不是我创造的。很明显，这与我无关"，但现在，也还是问问自己："我是如何创造了这一切？"

今日练习 10.3：把责任感带到创造中去

接下来的日子里，在你与他人的每一次互动中，尤其是那些你不希望发生的互动中，感知你的创造，并对你创造的这一部分负起责任。

以下是一个例子：回到上文提到的卡比尔的故事，他怀揣上次会议上的愤怒，想象一下，如果他对同事说："我刚刚意识到，我对上周发生的情况感到愤怒，我的愤怒刚刚爆发了出来，而不是有意针对你。"这就是责任感。

能量的不同层次

上班迟到时，你向老板问好的方式，与你在机场迎接一周未见的爱人时的问好方式是不同的。除了简单的问候，打招呼还有很多层面。

你迟到时向老板问好，可能意味着："对不起，我迟到了。请原谅我。别开除我。"或者也可能同时意味着，"你不能支配我。我想做什么就做什么。"

向爱人问好，可能意味着"我爱你"，也可能意味着"我想你"，也可能是在问："你还爱我吗？你还要我吗？"

这里有很多隐藏的能量层次，每一层都会对他人的能量场产生影响。当你的能量觉察能力越来越强时，你就会意识到在某个情境中涉及的多个能量层次。

能量层次

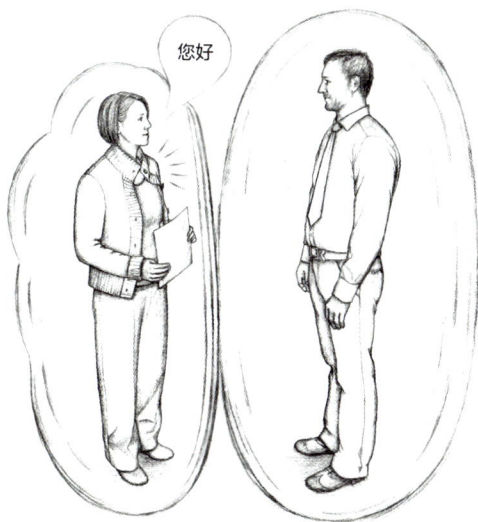

向老板问好
虽然用词相同，但你向老板问好的
方式所蕴含的能量……

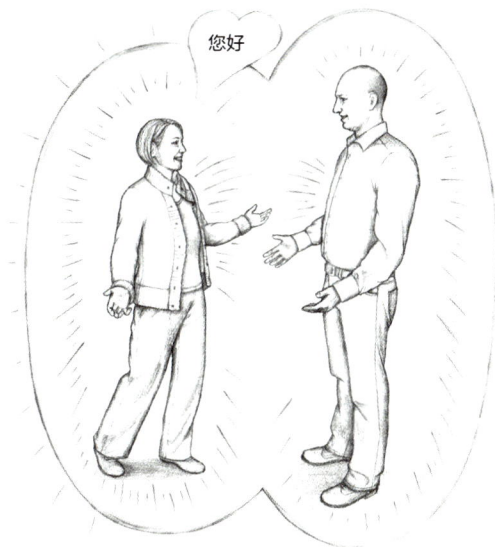

向爱人问好
……与你向爱人问好的能量截然
不同

能量原则 12：
人类能量场的每一层都在创造

每一层能量都在创造，都会对外界产生特定的影响。

自古以来，神秘主义者和精神导师的格言"认识你自己"流传了数个世纪。这是一项艰巨的任务。当你越来越认识自己，你就会越来越了解自己的各个层面和部分。其中有些层面美好至极，而有些却令人不安。

我们希望能在这里给予你明确的指导，告诉你如何认识自己并意识到自己的多个层面，但实际上，这是一个终生的过程，需要深刻的内省和与自己内心的交战。这很困难。因为很多部分都埋藏在我们的无意识中，还有些部分带有羞耻感、恐惧感等，这让我们的心里抗拒去接触和显露它们。如果你想更深入地进行这种自我探索，我们建议你进行认真的内在工作，我们称之为"英雄之旅"。

在这里我们可以做的是，帮助你了解并练习如何更有效地引导你的能量，以达到你想要的效果。

11 影响的艺术

影响的艺术

　　想象米开朗基罗在雕刻他的大理石杰作《大卫》时的情景。他有一把锤子和凿子。他将凿子放在一个特定的位置，然后用锤子以刚刚好的力道来敲击凿子，准确地敲掉他想敲掉的那部分大理石。

　　现在想象一个初学雕刻的学生，正在尝试第一个大理石作品。首先，他的凿子摆放的位置可能就不怎么准确。然后，他第一次敲击会带着试探性的心理，锤子虽敲在凿子上，却缺乏力量和信心。这样就不会敲动大理石。他们意识到自己敲得太轻了，于是再次抬起锤子，用力敲击。一大块石头脱落，整个大理石出现了一条裂缝。这也不是他们想要的结果。

影响
就像雕刻家用凿子敲击大理石来塑造它一样，我们也在通过能量来影响周围的世界

　　这就是我们使用能量的方式——要么发力太小，要么发力太大。另外，我们的"凿子位置"，即我们发出能量的位置也不是最佳位置。因此，我们通常也不会得到自己想要的结果。

　　那么，能量的艺术就在于学习如何以有效的方式来发出能量，创造出自己想要的影响：

> ➤ 发出适当的能量
> ➤ 把能量发送到正确的位置

 **定义：创造影响**
我们发出的能量对周围世界的影响。

创造正确的影响——获得你想要的效果

　　你发出能量是有原因的；你想要完成某件事情。我们所做的一切都源于内心深处

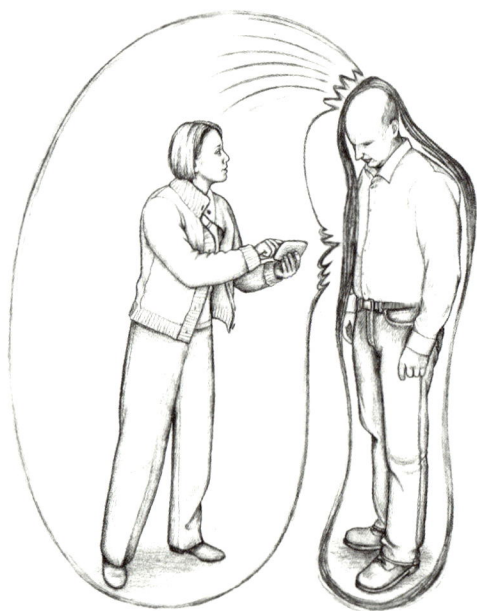

请求和意志

当你请求他人做某事时，就会发出一股"意志"能量，想让对方按照你的要求去做

渴望实现某种特定结果的愿望。

让我们举几个例子加以说明。

你对某人说"早上好"。你是想问候对方并表示你知道他在场。你是在向对方传递一股满含真心、热情洋溢的能量。

你对配偶说，"你去杂货铺时，能不能买点面包？"你是想让对方采取某种行动。你不仅在传递信息，还在传递一种意愿，让对方按照你的要求去做。

你在会议上说，"我认为 A 计划比 B 计划更好。"你的目的是说服其他人采用 A 计划。除了传递你想法的心智能量，你还在传递意愿，以说服他人接受你的观点。

在上述看似平常的情况中，我们都在向外发送影响他人能量场的能量。我们发送能量的方式不同，得到的反应也将不同。我们与其他人之间的大多数分歧是由于我们的影响是无意识的，而且缺乏技巧，这样就会带来我们不想要的反应。

发送适当的能量

每次互动都会传递特定的能量。"适当"才能有效地获得你想要的结果。传递过多或过少的能量都不会带来最佳效果。

练习 11.1：抛掷能量球——找到正确的力道

A. **准备**

➤ 如果你有同伴，让他 / 她站在你对面，距离你大约 6 英尺远。没有的话，就在那里放一把椅子作为替代。

➤ 握住你的惯用手，**掌心向上**。想象你手中有一个假想的能量球。

B. **核心练习**

想象以下情景：

1. 你正带着一个小孩学习新知识

➤ 你大声说"不，不要那样做"。想象你在对一个刚学会使用电脑的孩子说话，他正准备点击一个不正确的图标。

➤ 现在，想象你手中的能量球，再次说出这句话，同时把球抛给孩子。用你说这些话时所用的能量抛出能量球。

➤ 你是轻轻地抛，还是用力地抛？这个抛球动作说明了你向外发出的能量。

2. 你正和一个即将犯错的人在一起

➤ 接下来，想象你在和一个即将不小心删除文件的人说话，这个文件你花了一周的时间来准备，大声说出："不，不要那样做。"

➤ 现在再说一遍，这次把你想象中的能量球抛给那个要删除重要文件的人。

➤ 你是怎么抛的？

3. 你和一个即将有生命危险的人在一起

➤ 最后，想象你在对一个即将踩到裂开的木板上的人说一句话："不，不要那样做。"你看到木板已经裂开了，而这会让他掉下楼。

➤ 再次重复同样的话并抛出能量球。

➤ 这次你是怎么抛的？轻轻地，还是使出浑身解数？

你每次说话时所传递的能量力道是完全不同的。第一次的能量比较温和；你在轻轻地传递一小股能量。第二次的能量则更加紧迫，你发出的能量更加强大。第三次情况非常紧急、生死攸关。你在尽全力发出强大的能量。

4. 适当与不适当的能量强度

➤ 为了感受能量的差异，试着用拯救有生命危险的人的语气来对学习电脑的孩子说话。

➤ 现在，试着用你对玩电脑的孩子说话时的温和语气，对即将跌下楼的人说话。

在这两种情况下，你都能感觉到能量的使用是不适当的。但你可能不知道，你在现实生活中，往往因为使用了不适当的能量，而得到了你不想要的结果。

練習 11.2: **能量是否適當?**

讓我們把這個練習應用到現實生活中。

➤ 想一想你希望讓誰為你做一件事。可以是你生活中的任何人。比如說你想讓你的配偶在今天外出時為你做一件事。

➤ 想一想你要對他們說的話，想像一下當你說出這些話時，你即將拋出的能量球。現在說出這些話，然後把球拋出去。

➤ 你是怎麼拋的? 溫柔還是用力? 是否適合當時的情況?

將能量傳送到正確的位置

練習 11.3: **將能量傳送到正確的位置**

第 1 部分: 就像你可以用適當或不適當的能量拋出能量球一樣，你也可以把球扔到正確或錯誤的位置。下面的示例說明了我們所說的正確或錯誤的位置。

1. 漂亮的弧線

再次拿起手中的能量球。現在把它扔給另一個人，能量球會以漂亮的弧線直接飛向對方; 對方幾乎不用移動就能接住能量球。

以四種不同的方式拋球

以柔和的弧度拋球

用複雜的方式拋球

拋球時力度不夠

2. 落空

现在抛球时力度不够，这样球就会落空，无法到达对方的位置。

3. 复杂的动作

现在做一些复杂的动作，就像你在棒球场上看到的投手做的那种动作。但要做得更复杂，你的手忽上忽下，想象球在曲折移动。另一个人就完全被弄糊涂了。

4. 力量太大

最后，想象用巨大的力量将球投向对方，就好像你要把他撞倒一样。

抛球时力度
太大

第二部分：现在，我们添加一些话进去。使用你刚才对配偶说的同样的话。如果什么都想不起来，那么你可以试着这样说："你今天去商场的时候，能把我的电脑送去维修吗？"

1. 漂亮的弧线

现在你说出这句话，然后用最恰当的方式把球抛出去。

2. 落空

现在语气柔和，试探性地说这句话，然后用很小的力气把球扔出去，力气太小，球没有碰到对方。

3. 复杂的动作

现在用一种间接、迂回的方式说这句话。你可以支支吾吾地说，例如说，"好吧，也许你去商场的时候，如果你不介意，我是这么想的，你可以顺便去店里看看……"把球迂回曲折地抛出去。

4. 力量太大

最后，再次陈述，例如，"今天你去商场的时候，顺便把我的电脑送去修理。"用命令、霸道的语气说出来，与其说是请求，不如说是命令。用力抛球，就好像你要用球把她打倒在地。

既然你已经知道发送能量的适当强度和正确位置，你就可以使用这两个标准来评估你在任何情况下所制造的影响。

☞

今日练习 11.4：如何下达指令？

回想你在过去给别人下过的指令：

1. 你发出了多少能量？

➤ 你是否传递了适当的能量？

➤ 传递的能量过强还是过弱？

2. 你的能量发送到了哪里？

➤ 你的能量到达他们的能量场边缘了吗？

➤ 还是进入了他们的能量场并侵犯了他们？

➤ 是直接碰到了他们，还是在周围徘徊？

➤ 是力度不够没有碰到他们？

➤ 或者，你碰到对方后又收回了能量，就像你拉回了一根绳子？

给予和强加

向他人的能量场边缘传递能量

我们发出的能量非常强大。我们与他人之间的许多分歧都是由于我们在不知情的情况下侵犯了他人，传递了过多能量或超越了他人的界限。你可能会愤怒、有控制欲、情绪化、想要分享、开心，或者有强烈的观点想要向他人表达。在这个过程中，你很有可能会侵犯他们。不过，一旦意识到这一点，你就会学着正确引导自己的能量。你不会把能量倾倒在对方身上，侵犯他们的空间；你会尊重他们的空间，正确地管理自己的能量。

这就是一种基于能量的"有意识"地交流的新模式——这是在与他人相处时一种非常宝贵的技能。比方说，一个人正在谈论要做某件事时，你的第一反应是说"不要"，并且会有一大堆不要这样做的理由。但是，现在你可以不这么说，你把自己的冲动控制在"界限圈"里。然后，你不再把自己的冲动强加给他们，而是把它作为一种献礼呈现在

在他人的能量场边缘提供你的一些东西

他们的能量场边缘。

你可能是这样说的。"你刚刚说的时候，我的第一反应是说'不要'，但我克制住了自己。不过，我还是想和你分享一下我的顾虑。虽然，我有这些顾虑，也觉得应该与你分享，但我仍然相信你会做出正确的决定。我不想强加给你。"

这是口语表达的部分。这些话反映了更深层次的能量动态。你有你的顾虑。很好，我们都会对别人的言行做出反应。但现在你要尊重他们的空间，在他们的能量场边缘呈现你的想法，而不是把你的想法强加到他们的能量场内。

让我们试一试。

今日练习 11.5：给予和强加——将能量传送到他人的能量场边缘

A. 准备

回想一个曾经遇到的情况，你想要别人做一件事，而沟通并不尽如人意；也许是因为有来自对方的分歧和阻力，或者是你感到失望、愤怒、沮丧或不安。也许你想从对方那里得到某种东西，或者你可能已经下达了"这样做"的指令，或者你只给出了建议，或者仅仅是传递一些信息。这个情况可以是跟任何人——家人、同事甚至陌生人。选择一种你希望明确或改善沟通的情况。

B. 诊断

想象你想要传递的信息。想象信息是一种物质。拿出一张纸，把它揉成一团，让它代表这种物质。你是如何向对方传递这种物质的？它是如何进入他们的能量场的？

➤ 是你扔给他们的吗？

➤ 是你强加给他们的吗？

➤ 是你愤怒地把它砸向他们的吗？

➤ 你很害怕地把它丢在他们面前的地板上？

➤ 这对沟通有什么影响呢？

C. 试着给予而非强加

让我们尝试一种新方式。这一次，把这张纸轻轻地放到对方的能量场边缘。让对方选择要还是不要。注意不要侵犯他们的能量场。

D. 完成：应用到现实生活中

你已经练习过了，接下来就可以把它应用到实际生活中去。如果你想与某个人分享什么，看看你能否与之进行有意识的交流。

人际关系中的天堂与地狱

不适当地发出能量是个重要的议题，因为这样很容易侵犯到他人并引起他人反应，或者由于我们发出的能量是不明确、混乱、间接或无力的，最后你也无法获得想要的结果。我们经常会不自觉地向他人发出不适当的能量，而他人也在这样对待我们。我们都会因此而感受到痛苦。

在人际关系里，是否可以适当地发出能量以及连接他人能量场的差别就犹如天堂与地狱，而就结果来说，也是有效和无效的区别。

那么，如果我们互不侵犯，人际关系会是什么样子呢？这会是一种全新的关系维度，我们称之为有意识的关系。基于对彼此能量场的尊重，这会创造出你所能想象到的最为充实和有价值的关系。

有意识的关系能在人际关系中创造天堂

为什么呢？让我们回到你希望别人做某事的例子。我们之前已经探讨了有关给予和强加。你可以强迫他们去做，你也可以在他们的能量场边缘给予意见。给予是一种对于他们的空间、自由意志和选择的尊重。当你侵犯别人的界限时，通常你会遇到抗拒、反抗、破坏或怨恨；而当你尊重对方，你就不会遇到这些负面反应。令人惊奇的是，当你以这种方式与人相处时，人们会更乐意去做你要求他们做的事，因为这是他们被请求去做，而不是被命令去做。

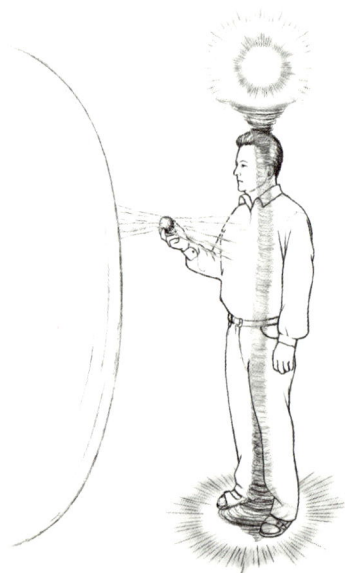

从中心发送能量

从中心发送能量

"居于中心"这一主题是"能量平衡"的核心；我们会反复谈及这一主题，并且每次都会增加新内容，从而帮助你稳固地"居于中心"。本书的每一节都探讨了能量流动的一个特定方向，这些探讨会加深我们对"居于中心"的体验。

"向外发送能量"是"居于中心"的重要关键。当我们"居于中心"，并以平衡的方式向外输出能量时，其结果会非常惊人。

然而，问题就出在了向外发送能量的本质特性；这会将我们带出自己的中心，带往我们发送能量的方向。除非我们学会在行动中"居于中心"，否则向外发送的能量会使我们脱离中心。

这就是瑞塔玛之前与我们分享的舞蹈经验的精髓——她太向前冲了。这个时候，我们需要学习的艺术是找到中心，将能量从中心向外延伸，然后再回到中心。

在行动中"居于中心"

在一次员工会议上，我们的一位员工正在阐述一个观点。她开始发言，在要介绍到重点时，她变得越来越热情，她的能量越来越多地向我们延伸。她不仅向我们发出能量，她的能量体也延伸到她自己的前方，使她偏离了中心。会议的其他成员因此而变得焦躁、不自在，开始坐立不安，并逐渐不再对她进行回应。这个员工偏离中心的结果是让会议的所有成员都偏离了中心。

在行动中"居于中心"有两个要点：第一是在行动中"居于中心"，第二是将能量向外延伸后再把它拉回来。

居于中心的第一部分我们在第 4 章已经提及。你与自己的中心相连，就好像你一只眼盯着中心，另一只眼盯着你的行动。在关注外界的同时，你也保持着向内的连接。

接下来，你要做的练习就是将能量向前延伸、释放，然后再将能量收回。练习得越多，你就越能掌握"居于中心"，将能量延伸、释放和收回的正确节奏。

练习 11.6：放手——回到中心

想象自己处于类似于员工会议的情境中，你正在与他人交谈。

1. **聚集能量**

在你的核心通道中聚集能量。

2. **拓展能量**

将这充满活力的能量拓展到你的能量场中。

3. **让能量流动**

将能量从你的能量场向他人延伸，同时关注其影响。

4. **放手**

断开连接！类似于"放箭"——放手，让能量自行流动。无须与它保持连接。相信你已经让能量开始运动。

5. **回归**

在关注你发出的能量及其影响的同时，让你的主要注意力再次关注内心，回到你的中心。

6. 居于中心

呼吸，关注中心。将你的能量带回你的中心。

快速参考要点：

1. 聚集能量
2. 拓展能量
3. 让能量流动
4. 放手
5. 回归
6. 居于中心

想想网球运动员在比赛中的表现。他们不会用力挥动网球拍，之后就将球拍保持在伸展的位置；而是在挥拍之后，回拍；然后再挥拍，再回拍。

同样的挥拍（回拍）循环也适用于你所做的任何向外发出能量的动作。在某些情况下，你可以只发出一次能量。比如你对一个人说："请不要把盘子留在水槽里，把它们放进洗碗机里，可以吗？"你只说这一次，然后不再关注，回归你自己。

还有另外一种情景，比如你正在向另一个人介绍一个有很多组成部分的概念。你开始讲话，然后越说越多，让你的能量离你的中心越来越远。这样做可能会让对方停止倾听、远离你或做出被动反应。你可能会开始在传递能量的过程中更多地坚持己见、强力控制甚至变得咄咄逼人。

你也可以这样做。想象你的沟通和想法有很多组成部分。对于每个部分，你都需要以正确的方式向外传递，然后放手，回到中心；再次聚集能量，然后发送下一个部分。就像网球运动员一样，你打中一个球，然后复位，再打下一个球。你居于中心，从中心向外延伸，然后回归中心。

12 能量侵犯

能量侵犯

你现在开始知道，我们经常无意识地使用能量。不仅如此，我们在使用能量时还经常会"偏离中心"。这样的结果是，我们经常使用能量来互相侵犯。我们侵入他人的能量场，轰炸、打击他们，向他人发送他们不想要的能量，控制、操纵和吸取他们的能量——这种情况并不令人愉快。

我们说的不是身体上的侵犯。我们指的是从你的能量场向外发出能量，这些能量未经他人允许而越过他人的界限，进入了他人的能量场。因为能量是物质，所以这些侵犯行为和身体上的侵犯行为一样真实。

我们在第7章的前面部分谈到了能量侵犯。让我们重新回顾一下，然后再补充我们对"能量侵犯"的理解。

定义：能量侵犯
任何未经你意愿而进入你能量场的行为都可以是一种能量侵犯。

我们经常认为自己被他人侵犯，那我们自己是不是也是侵犯者呢？你的一部分自我可能会说，"不是我；我没有侵犯别人。我有爱心，善良、慷慨、体贴。"是的，我们相信你是这样。我们也相信，即使在你最有爱心的时候，你也经常在不知不觉中强力地侵犯了他人。

侵犯他人是个大问题。人与人之间经常发生这种情况。侵犯是造成人际关系分歧的主要原因，也是伤害和愤怒的首要原因。了解他人是如何侵犯你的，并能够应对这种情况，会让你在人际交往中获得心灵的宁静。意识到自己是如何侵犯他人的，并学会不这样做，不仅是你自身成熟的重要一步，也是你"爱他人"的一大步。你也会因此而创造更美满的人际关系。

在第7章关于边界的问题中，我们探讨了如何防止自己被侵犯。现在，让我们来看看如何更好地了解他人的边界，并停止侵犯他人的边界！

1. 攻击侵犯

我们都知道一种明显的侵犯行为类型——就是当你对他人迸发出怒火或愤怒时。

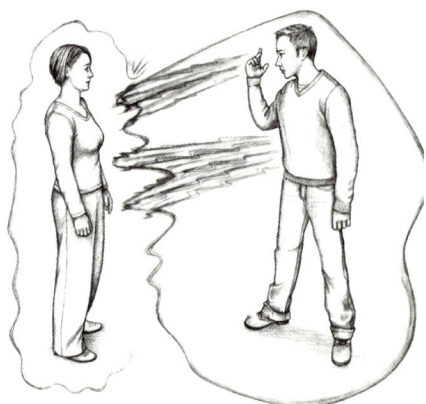

但你是否意识到，当你对他人发怒时，即使没有表达出愤怒，你的能量也很有可能击中对方？或者，你是否意识到，当你烦躁或脾气暴躁时，你的能量场也会发出尖刺，就像仙人掌的刺一样，刺入对方的能量场并侵犯他们？

2. 意志侵犯

当你"强迫"他人，把你的意图和意志强加于他人——逼迫他们做某事时，就会发生意志侵犯的行为。虽然意志侵犯通常是通过言语表现出来，但不使用言语也能轻易侵犯他人意志。一个人可以在不说话的情况下发出强大的意志能量，希望别人做某件事情。

以下是几种不同类型的意志侵犯。虽然这些类型相互重合，但我们还是将它们分别列了出来以突出各自的特性。

意愿

"我们去商店逛逛。他们今天大减价。"

听起来像是一个单纯的邀请。有时确实如此。但这也可能是一种强大的意愿侵犯，完全要看你是怎么说的。我（卡比尔）就遇到过这种情况，我差点被从椅子上拽下来。热情的对方毫无意识地用他强大的意愿抓住了我。

意志之战

想象一场拔河比赛，人们朝不同方向拉绳子。你可能参加过一次会议，会上你们对某件事的想法大相径庭。与其说这是一次共同探讨利弊得失的创造性讨论，不如说各方都在试图让其他人接受自己的观点。这就变成了一种充满紧张气氛的局面，强大的意志能量拉来扯去，整个房间变得紧张起来。

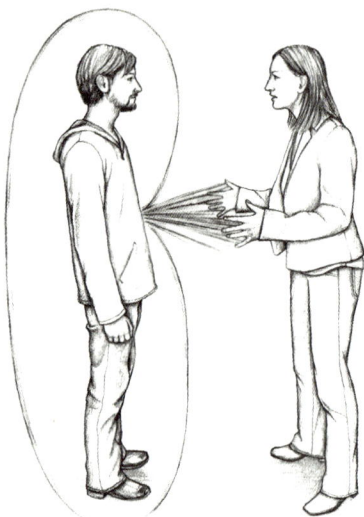

控制

当你试图控制他人时，就会出现控制侵犯。通常情况下，这种行为是出于好意。你将能量推向对方的能量场，是想让他们以某种方式执行 / 做事 / 成为某种人。

你可能见过狗的主人抓住狗的脖子，强迫它抬头。这就是控制能量的作用。

虽然控制侵犯可以用明显权威和霸道的语气表现出来，但实际上更可能是以更友好的语气出现，以一种出于好意给对方提建议的方式。德国人明白这一点。德语中的"Ratschlag"就是"建议"的意思。"Ratschlag"由两个德语单词组成。"Rat"的意思是"建议"。"Schlag"的意思是"逼迫"——你用建议逼迫别人。

操纵

这是一种控制侵犯，但它更微妙，没有那么明显，经常隐藏在其他东西的背后。

后座司机

"后座司机"侵犯是一种操纵行为。它通常以恐惧为由，利用意志抓取他人的能量，

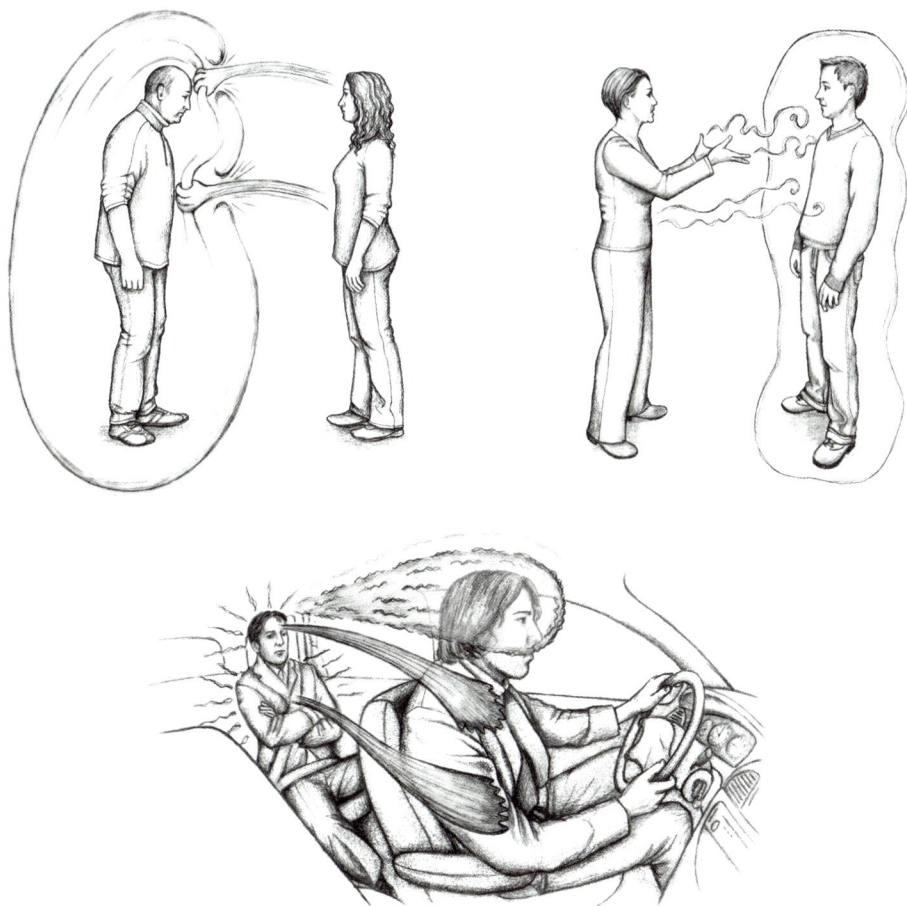

并试图让他们做一些事情。你是否曾经和另一个人坐在一辆车里，他想让你开慢一点？他们可能一句话也不说，但他们肯定会用恐惧逼迫你按照他们的想法去做。你做过"后座司机"吗？

强势

这种能量侵犯会贬低他人。你觉得自己在等级上可以让对方处于从属地位。

3. 过载侵犯

过载侵犯是指一个人接收的能量实在是太多了。

情绪过载

你可能曾经和一个人坐在一起，他的内心充满了各种情绪：快乐、悲伤、愤怒。无论是什么情绪，他的情绪就像是火山一样喷发到了你的身上！当一个人非常情绪化时，他的情绪就会波及他人。即使有时分享的可能是一段愉快的经历，这种情绪也很容易变得过于强烈。

思想过载

你是否有过被思想浪潮冲击最后被淹没了的感觉？你有过！思想是一种能量。一个人可以用思想能量将你击倒。你是否也记得你用思想将别人击倒的那一刻？

能量过载

一个人可能充满能量。他们可能精力充沛、充满活力，也可能紧张、好斗或坐立不安。他们可能只是站在你身边，什么也没做，但他们散发的强大能量却能将你击倒，或让你无缘无故地感到焦躁不安。当你携带大量能量时，这些能量会散发出去并影响他人。

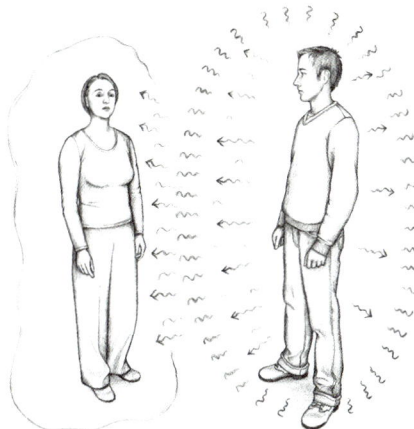

4. 关心侵犯

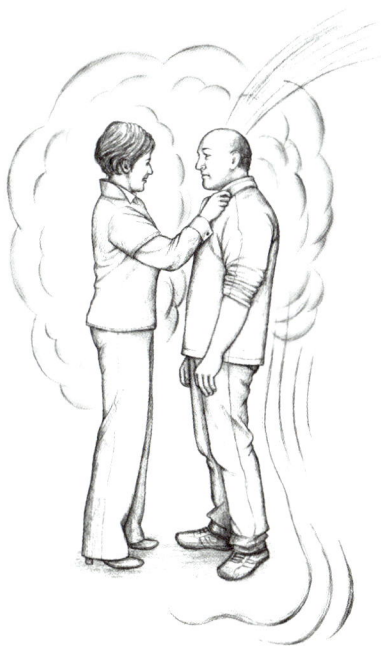

我们经常听到恋爱关系中的一方对另一方说："请不要再像妈妈一样管我了。"你有多少次看到父母关爱孩子，而孩子却反抗的情况？在这种情况下，你会关心他人，想让他们变得更好，或者给予他们一些东西。但就在这一举动中，你可能超越了他们的界限，把你的关爱强加给了他们。

5. 爱的侵犯

我们秘书的女儿对她说："妈妈，你能不能一个月只对我说一次你爱我。"我们的秘书太爱她女儿了，她的爱淹没了女儿。爱的侵犯会导致人际关系中的许多痛苦；一方"过度爱"另一方，结果导致另一方封闭自己，将其推开，或者变得暴躁或愤怒。

爱的侵犯很复杂，因为除了"我们内心纯洁的爱"之外，往往还有其他的能量与爱交织在一起，如需求和依赖、依恋、坚持或控制，这些都会玷污爱、侵犯爱。

6. 吸取侵犯——能量的吸血鬼

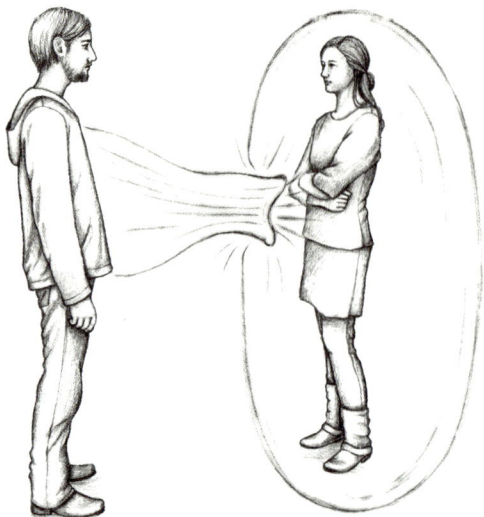

当你试图从对方身上"吸取"能量时，会出现一种更令人不舒服的侵犯形式。这通常发生在感觉被需要的时候。作为有需要的人，你就好像从腹部发出一条强大的能量线，将自己附着在对方的能量场上，拉扯对方以获得连接、安全感、亲近感、保护感或归属感。

吸食侵犯通常会被掩盖。吸食可以表现为给予、关心、友善或愉快。被吸食者会感到困惑，因为他们会产生一种矛盾的感觉。一方面，他们可能觉得很有面子，因为你那么想要他们在身边或想要关心他们。另一方面，在你面前，他们又会感到一种奇怪的矛盾，和你相处时，他们常常会感到精疲力竭，而当你离开后，他们又常常会感到如释重负。

在生活中，吸食侵犯经常发生。在一个人有生理和心理疾病的情况下也会发生。患者需要能量，会从周围的人身上吸取能量。很多护士和医生的能量就会因此受损。

7. 通过能量共振控制他人

有一种微妙但是强大的侵犯是通过能量共振而发生的。如果你对某件事情有强烈的感受，就会向外发出这种能量。这有点像播放一首带有强烈节拍背景的音乐，虽然一个人并没有真正在听音乐，但他的脚却会跟着节拍而打起拍子。通过共振，一个人可以控制另一个人。第二个人在那一刻便失去了自我。

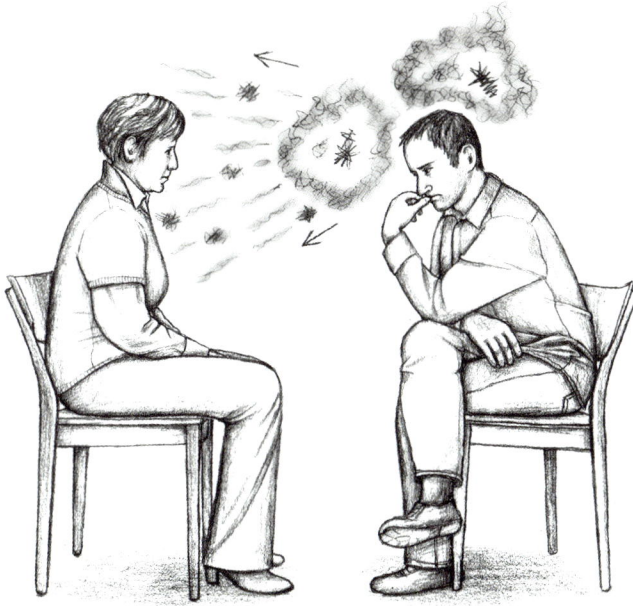

13　活出本质的艺术

放手与全心投入

在第 11 章的最后一节中，我们使用了"放手"一词。想象一个人准备从高高的地方跳入下面的水里。他沿着一条狭窄的小路，小心翼翼地挪到跳水点；然后他被卡住了。恐惧占据了上风，现在他只能紧紧地抓着某个地方。旁边的朋友大喊，"放手，安全了。跳吧。"最后，高地上的人终于松开了手。当他向下坠入水里时，肾上腺素飙升，那种感觉太棒了。

在这个例子里，重点在于松开双手的过程——放开紧抓不放的东西。

我们还可以从另一个例子来看。想象一辆赛车在起跑线前的红灯后等待。车手正发动引擎，等待绿灯亮起。倒计时开始——3、2、1，绿灯亮起。他把一只脚从刹车上移开，另一只脚猛地踩下油门。汽车向前冲去。这里的重点是前进，向前行驶。

把"放手"理解为"允许前进"，是一种向前运动，一种向前冲刺。这与上一个例子中的"放开紧抓不放的东西"完全不同。

抓住与放手

"全心投入"意味着让你的能量完全释放

让我们把这些应用到散发能量的艺术中。我们以告诉别人你爱他为例，也可以用其他内容代替。假设你想告诉别人你爱他。有时，这是世界上最容易、最自然的事情。有时却非常困难，话到嘴边就是说不出来，我们的能量无法向前延伸。

在这些时候，有什么东西在阻碍我们，不允许我们"前进"。回到我们的赛车画面，想象车手并没有完全把脚从刹车上移开，另一只脚也没有完全踩在油门上。虽然也有向前的运动，但它是被抑制的、紧张的，其动能无法完全施展。

这就是我们的能量经常发生的情况。我们想把我们的能量发出去，但我们却给它踩了刹车。无论是告诉别人我们爱他，还是要求老板加薪，或者是表达我们热衷的想法——我们都给自己踩了刹车，破坏了我们的能量流动。

这里有一个练习，你可以用来学习放手和全心投入的艺术。

练习 13.1：放手并全心投入

1. 双手放在胸前，大约与心脏齐平，**手掌朝内**。
2. 现在吸气，呼气时双臂向外打开，朝向前方和两侧。

3. 想象能量向你的前方伸展，没有任何摩擦，没有任何阻碍，能量可以毫不费力地向前延伸。

用双手打开

4. 专注于呼气，让自己放松。想象能量轻松自如地向外延伸。在脑海中想象"允许前进"。

"允许前进"与我们称之为"全心投入"的理解有关。"全心投入"意味着全力以赴。你肯定有过这样的经历，在做一件事的时候，你心不在焉。你只是按部就班地去做，但你并没有真正投入——背后没有真正的能量，或者更糟糕的是，你甚至在做的时候还在抵触和刹车。

现在想象一下你生活中的某个时刻，你全心投入其中。也许你正在参加一场体育比赛，你投入了 200% 的精力。又或者，你在电脑前工作，全神贯注于手头的项目。全心投入可以发生在任何事情上——这是一种临场状态：精力充沛，毫无保留，允许全速前进。

今日练习 13.2：全面盘点你的生活

▶ 回顾今天和最近做的事。你有多全心投入？你有多临在？你付全心投入并非花费太多精力使自己筋疲力尽。比方说，你正驾车行驶在蜿蜒曲折的美丽山路上。你可以开得飞快，就像在拉力赛上一样。这是全心投入。你也可以以轻松惬意的速度驾驶，但要真正做到处于临在状态。你对汽车和道路保持警觉；你可以欣赏风景。此时此地，你与汽车、道路和环境融为一体。这也是全心投入。

因此，全心投入并非指使用过多的能量，而是一种带有适当能量的在场状态。现在想象一下，在你的生活中你所做的一切都是全心投入的，每时每刻都带有适当的能量，每时每刻都保持清醒和警觉。现在你已经掌握了让能量流动的艺术。

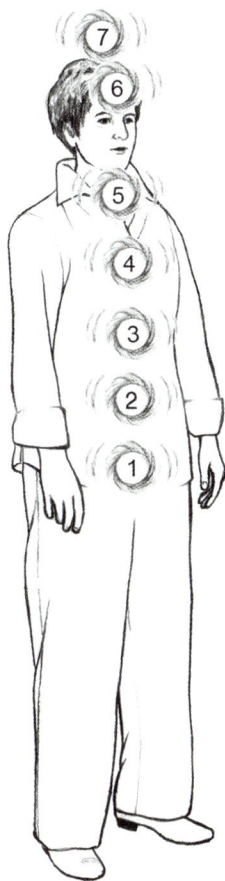

7 - 顶轮
目的、意义、灵感、合一
6 - 眉心轮（第三眼）
洞察、理解、智慧、整体思维、直觉
5 - 喉轮
表达、创造、真理
4 - 心轮
爱、同情、同理心、开放、感恩、服务、慷慨
3 - 太阳神经丛
身份、价值、力量、自我
2 - 脐轮
连接、关怀、感性、温暖、玩乐、愉悦
1 - 海底轮
丰盛、活力、落地、显化

本质的特性
我们的本质是独特的，具有个性化特征，同时又具有共通性。本质通过脉轮绽放并展开。上面列出了一些本质的特性。

活出你的本质——勇于做你自己

最后，我们要探讨的是能量向外流动的深层意义——活出你的本质。

我们所说的本质指的是什么？

有一些东西是你的根本——你的存在，你最本质的部分。没有人能夺走它，也没有人能改变它——它只是"是"。

接触你的本质是最快乐的体验之一。疑虑和不安全感会烟消云散。心灵的噪声消失了，你从人格和能量场的动荡外层进入深处的、深刻的、真正的自己——你的本质。

你的本质就像一颗拥有很多面向的钻石。你可能会接触到你的爱或力量，或清晰的思路或俏皮的一面。你的本质有很多面。每个面都不同，但每个都是你。不断变化的光线会在不同的时刻通过钻石的各个面产生不同的折射，从而创造出美丽多样的水晶光效。

你的意识就像水晶一样，具有同样的功能：它能照亮你本质的某些方面，让它们闪耀出你的光芒。就像钻石一样，在不同的时刻，你的本质也会有不同的反映，体现出你许多不同的方面。所有这些都是你本质的各个方面。

定义：本质
本质是最基本、最根本的你；是我们每个人与生俱来的闪亮特质。

知晓并活出自己的本质是最重要的事情之一。然而，我们中的大多数人并不认为我们能活出自己的本质。也许你没有安全感，或者你怕别人拒绝你，不会真正地陪伴你，或者利用你的弱点来对付你。你可能是对的——所有这些事情都可能发生。

忠于自我、表达深层自我需要勇气。这就是能量向外流动的深层含义；活出你的本质。给予自己更多空间，击退那些侵犯你的能量。你给自己留出空间去展现更大的自我。你以一种"居于中心"的方式生活，同时与你的本质连接；当你在生活中向前迈进时，向外散发你的本质。

你在扩展——你以一种"居于中心"的方式生活，同时与你的本质连接；当你在生活中向前迈进时，向外散发你的本质。

练习 13.3：活出你的本质

A. 准备：感知你的本质

一开始，想象你感觉到"丰盛富足"的时刻。那可能是充满爱的时刻，你的心灵敞开；也可能是充满力量的时刻，那时你真正地处于自己的能量之中；也可能是清醒的时刻，你真正看到了自己。本质有许多特质，但其之所以是本质，是因为本质的你——丰盛、充实、根本的你。

那一刻的本质可能是一种感受、一种思想或身体上的一种感觉。无论那一刻的本质是什么形式，现在就与它同在。

1. 感受本质的身体感觉

给身体一些时间，让它尽可能地鲜活起来。注意这个想法或感受在你的身体或能量场的某个地方会有明显的物理感觉。花点时间去感受本质的身体感觉。

2. 感受本质的能量层面

现在，将你的意识转移到这种感觉或想法的能量层面。这个状态具有能量物质，位于你的能量场中的某个地方。这个物质有它独特的品质和特定的能量流动方式。

3. 为本质的能量塑形

把双手放在你感觉到的能量物质所在的位置：张开或合拢双手，向内或向外移动，改变它们的形状，直到你可以用双手找到能够反映此处能量的形状。你现在已经为这种能量塑形，并帮助它变得更加具体。

4. 扩展你的本质

现在，让这种状态在你体内变得更大。用你的双手来扩展它。想象能量场向外打开，向环境散发更多能量。花点时间让本质"占据空间"。

5. 找到合适的表达方式

想象自己以任何适合自己的方式表达这种本质状态。也许是你的言语，也许是你热情洋溢地表达一种感觉，也许是你想做的事、你想采取的行动。也可能只是简单地站在那里，以某种特定的方式存在，

活出你的本质

保持一个特定的姿势，带着某种表情，散发出某种能量。

6. 在"矩阵"中表达你的本质

最后，这是最具有挑战性的部分，想象自己在人群中做这件事。我们称周围的环境为矩阵——由能量、人、事、氛围等组成的网络，它们构成了你所处的环境。想象在矩阵中表达你的本质。

快速参考要点：
1. 感受本质的身体感觉
2. 感受本质的能量层面
3. 为本质的能量塑形
4. 扩展你的本质
5. 找到合适的表达方式
6. 在"矩阵"中表达你的本质

做得不错。现在，我们要迈出更具挑战性的下一步。

在人生的风暴中活出你的本质

很有可能有些人并不那么了解你的本质。他们可能会评判你的本质，受到你本质的威胁，或者只是沉浸在自己的事情中而没有注意到你的本质。也许他们只是处在一个不同的状态，他们的能量和你的能量不同步。

这些能量会影响你。它们会抑制你，让你更多地压抑自己的本质。它们甚至会主动攻击你，试图将你摧毁。

这是生活中的一个关键问题——我们的本质，我们更深层、更珍贵的想法和感受并不总是能得到支持和理解，甚至可能会以微妙或不那么微妙的方式受到侵犯。因此，对我们来说，这是我们能学到的最重要的技能之一：

➤ 敢于活出自己的本质，并且可以在我们所遇到的所有情况中"居于中心"。

此刻，让自己大胆一点。感受你的本质充满了活力。让它硕大无朋、光芒四射。想象你现实生活中所处的环境。想象自己在行动，在表达自己的本质。即使有沉重的不支持你的能量，你也能感受到自己的核心，感受到你是谁的珍贵，以及你所承载的一切。真正忠实于那股能量。让你的本质变得更强大、更稳固，并且能够抵御生活带来的风暴。

在沉重的能量中绽放光彩

这才是真正的生活的艺术：

➤ 接触你的本质和深层自我，并让它发光发热。

让自己对周边的世界产生影响。基于你的本质、你的高我、你中心的金色存有来创造、雕刻和塑造我们周边的世界。

垂直方向意识的层面：

向上、超越和向下

（一）能量向上和超越

14　向上——意识转变

向上——意识转变

"我们的思维只能根据已知和可证明的知识进行思考。有时，思维会达到一个更高层次的知识水平，但却永远无法证明它是如何到达那里的。所有伟大的发现都涉及这样的飞跃"。

——阿尔伯特·爱因斯坦（Albert Einstein）

这句话揭示了对人类系统的一个深刻洞察——我们有不同层次的知识和思维。而隐藏在这句话背后还有一个见解，这个见解对我们有着重大而直接的意义——我们可以有意识地转向更高的思维层次。

能量原则 13：
能量提升意识

将能量从较低状态转移到较高状态的过程会提升意识层次。

一旦你明白了这一点，你就掌握了生活的钥匙。这把钥匙不仅提供了最有效的能量技能，还能将你带入一个新境界，让你不仅仅是活着，而且是在快乐和幸福中充实地生活。

有人可能会反对说，"爱因斯坦这么说理所当然，因为他是个天才，但我只是个普通人。"

错了！

➤ 你比你自己所认知的要强大得多，也比你自己认为的要更有价值。

➤ 你一直在接触更高层次的意识世界，尽管你可能没有注意到。

➤ 有一些方法可以让你有意识地达到这个更高层次。

我们可以通过核心能量通道，以及其中我们称之为"向上和向下"的垂直方向上的能量流动，让我们到达更高层次。

向上和向下

我们已经讨论过核心通道以及居于中心的重要性。它还有另一个重要意义。与核

图腾柱
许多土著文化通过图腾柱这一象征来表达人的多重性

心相连的是 7 个能量中心，我们称之为脉轮。脉轮是一个能量旋涡，一个强大的能量旋涡点。每个脉轮都与某种思想和感觉有关，也就是我们所说的意识层次。

要理解我们所说的意识层次，最好的方法就是想象一个图腾柱，就是你在各种土著文化中看到的那种图腾柱。想象这个虚构的图腾柱有七张脸。它代表了整个进化时间轴，每张脸都代表一个进化阶段。图腾柱最底下的脸看起来最原始。它代表我们最早的进化起源，相对应的是心理上最原始的部分。

当我们向上移动时，每张脸都代表着进化展开的下一个阶段，也相应地更加复杂。

在我们想象的图腾柱的最顶端，是我们最新和最先进的进化结果，对应的是人类精神的高度和伟大。这张脸最精致。这就是脉轮系统的工作原则。它与进化息息相关。

图腾柱底部的脸对应着位于我们脊椎尾端的海底轮，以及我们最初的进化的动力和本能。

图腾柱顶部的脸对应头顶的顶轮，这是人类能量系统中发展的最后一个脉轮。它是最先进的、最精致的，对应的是意识、智慧和人类精神中最崇高的品质。它代表着我们的潜能和未来，因为对我们大多数人来说，这个脉轮才刚开始开启。

图腾柱很适合代表脉轮系统，因为图腾柱上的每张脸本身就是一个独立个体。这正是脉轮的工作原则。每个中心或脉轮都代表着一个思想和感觉的层次，几乎可以自主运作。一个脉轮可能在想一件事，而另一个脉轮可能同时在想另一件事。

爱与性

让我们用一个大家都熟悉的例子来说明这个问题——性爱。生殖器位于脊柱底部，对应海底轮，即性欲的起源中心。虽然这不是对所有人的真实写照，但我们中的大多数人都有过性经历——只是一种性体验——充满欲望、激情、粗犷而原始的体验。这

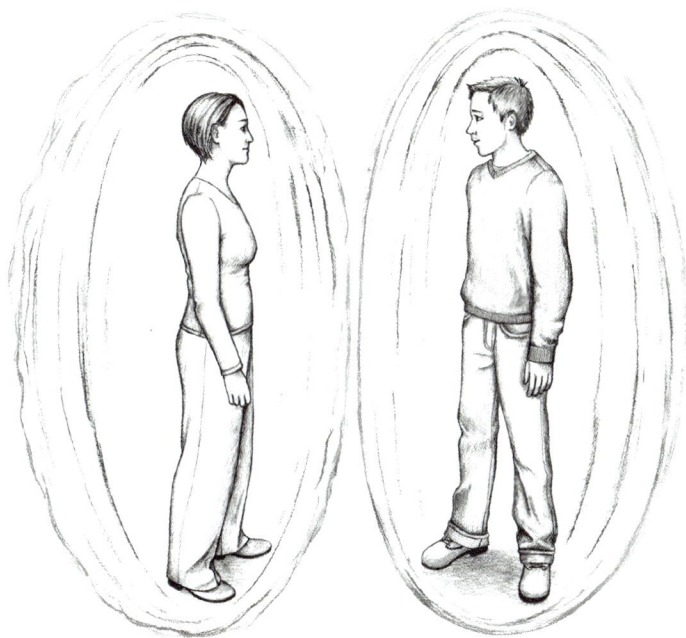

意识的七个层次

每个意识层次就像透过不同颜色的滤镜来看这个世界。以下表格列出了每个脉轮是如何"看待"他人的

七大脉的中心及意识水平表

脉轮序号	中心	意识水平
7	顶轮	视对方为圣人
6	眉心轮	视对方为成熟的智人
5	喉轮	看作有创造力的人
4	心轮	看作有爱心的人
3	太阳神经丛	视对方为竞争对手
2	脐轮	视对方为性对象
1	海底轮	视对方为威胁，恐惧对方

与爱无关。它与亲密关系或灵魂深处的联系无关。它只是性。

现在，你可能已经与你爱的人发生过性行为；你们坠入爱河，因为爱而做爱。这种体验非常不同！你们心心相印，彼此契合，身心交融，将你们双方带入了最美妙的亲密关系中。

这两种体验都和性有关。有什么区别呢？为什么同样的行为会有如此巨大的差异？

从能量的角度来看，性爱主要涉及的是海底轮（以及腹部上方的脐轮）。这些中心是原始和本能的，它们的驱动力强大且具有消耗性。你见过两只猫交配吗？它们是在交配还是在互相残杀？这很难分辨。

现在，与和你真正爱的人做爱的性体验进行对比。你能感觉到自己的心脏，几乎就在你的胸膛中央。你感觉充满了温暖。除了这些生理感觉外，你还会感受到温柔、尊重、关怀和契合等最为美妙的感觉。

现在的情况是，脉轮系统中更高层次的能量中心——心轮——也在性行为中发生了作用。它的振动更强烈，意识更强烈。虽然海底轮仍然参与其中，因为性行为与海底轮相连，但由于心轮现在也参与其中，性爱就被带入了新的品质。

心的能量将原始的性能量提升并转化到一个全新的层面。

当你做爱时，与只是性交时对比，你的意识层次已经由核心通道提升到了较高的脉轮位置。这时，这个较高层次的脉轮就会作用于并改变较低层次的脉轮。

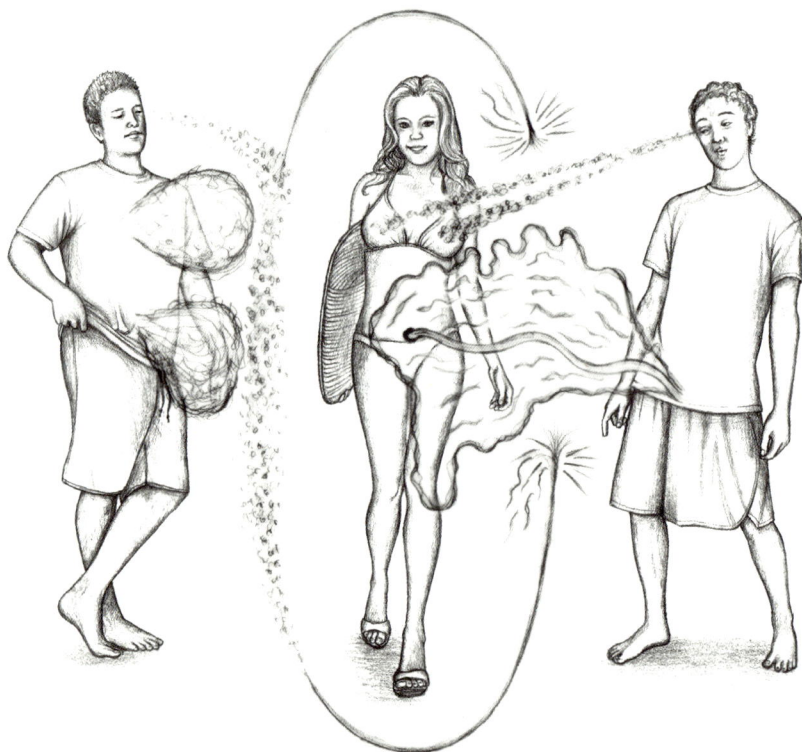

两种性能量
左：性——文雅、真诚和尊重
右：失控的性——原始、穿透和侵犯

当你做爱时，与只是性交时对比，
你的意识层次已经由核心通道从海底轮提升到了心轮，也就是你能量系统中更高的脉轮。

我们一直在提升意识。你肯定有过愤怒的时候，你想用言语发泄，甚至想用身体攻击，但你没有。为什么没有？因为内心的某处阻止了你。一个更高的中心（这里指你的眉心轮，一个决策中心）阻止了存在于海底轮和脐轮的攻击性情绪。

这两个例子都说明了核心通道的能量流动带来了意识和能量的转变。这一点之所以重要，是因为你可以有意识地将能量上下移动，有效地从一种情绪转变为另一种情绪，从一种思维或意识转变为另一种思维或意识。

你可以有意识地将能量上下移动，
从一种情绪或思维转变为另一种情绪或思维。

现在，让我们再来看看爱因斯坦的这句话。
"有时，思维会达到一个更高层次的知识水平，但却永远无法证明它是如何到达那里的。所有伟大的发现都涉及这样的飞跃。"

他提到了"更高层次的知识水平"。"层次"意味着有高有低，在其他事物之上或之下。它也意味着优劣，不是指好坏、更好或更差，而是指是否更精致、更复杂或更强大。

定义：意识层次
一种看待世界的方式，包括情感和思想。意识层次与进化有关，反映了感知能力在早期和后期的发展水平。

这就是理解核心通道和脉轮系统中"向上和向下"维度的神奇关键点——意识、思想和思维有高低之分；同时，在我们的系统中，能量、思想和感觉在不断地上下流动。通常，这大多发生在无意识的情况下，不过，这很重要，一旦你了解了这些"思想的位置"，并且学会移动能量，你就可以主动决定"要在哪个脉轮上思考"。

向上呼吸

现在，让我们为核心工作增加一个新维度。我们把这个新维度应用到之前提到过的一条能量原则"能量随思想而动"——思想到哪里，能量就流向哪里。

除了引导我们的思想，我们还可以用呼吸来引导能量流动。呼吸是能量工作中最强大的工具之一，因为当我们呼吸时，我们也在吸入和呼出生命力。引导式呼吸利用想象力"想象"呼吸在特定位置移动。

我们将在心轮进行练习，因为心轮比较容易有所感觉。

练习 14.1：打开心轮

慢慢做下面的练习。每一步都花点时间打开。

1. 激活心脏

想象你的心轮变得更加充满活力、光芒四射。

2. 感受爱

调整你心中的爱的感觉。如果你愿意，可以感受你对某人的爱，或你爱得强烈的时刻。

3. 为爱加油

吸气，呼气。想象呼吸中蕴含的生命力，为你的爱加油，想象你的爱越来越强烈，越来越明亮。

4. 让爱流动

现在，你已经在心中建立了爱的能量，当你呼气时，想象这份爱从你心中流淌出去。

引导式呼吸——从心轮
吸气和呼气

快速参考要点：

1. 激活心脏
2. 感受爱
3. 为爱加油
4. 让爱流动

你会发现，引导式呼吸被用来改变情绪、拓展思想和移动能量，是非常强大和有效的。

接下来的这个练习，是让你感受将核心能量向上移动到心轮。之后，我们会练习将意识转移到更高的层次。

练习 14.2：点燃更多的爱——将能量带入心轮

A. 准备：唤醒海底轮

1. 通过树根呼吸

让我们回到之前树的练习。想象你是棵树，你穿过骨盆区域的海底轮吸气，然后呼气。

2. 落地扎根

现在，想象每次呼吸的能量都从海底轮向下移动，到树根，再进入大地。

B. 核心练习

3. 激活海底轮

然后，在吸气时，将大地的能量从根部向上吸入，进入你的海底轮。每次呼吸都会给海底轮带来活力。想象能量越来越多，海底轮的能量越来越满。这样呼吸 10 次，把大地能量吸到海底轮；做 10 次深沉、饱满、缓慢的呼吸。

4. 将能量带至心轮

现在，在下一次吸气时，将这些能量沿着脊柱带到你的心轮。你可以想象用吸管吸液体的方式——通过呼吸把能量从海底轮沿着脊柱吸到心脏。这样做三次。

5. 用心轮呼吸

现在，像上一个练习一样，想象你正通过胸腔的心轮吸气和呼气。想象每次呼吸的能量都在这里进出。每次呼吸都会刺激心轮，给心轮带来活力。

C. 完成

6. 感受你的心轮

现在，当你感受你的心轮时，你可能会注意到心轮的感觉与之前的练习有所不同，之前的练习我们只做了心轮呼吸，而没有把能量带上去。

快速参考要点：

1. 通过树根呼吸　　　　　2. 落地扎根

3. 激活海底轮　　　　　　4. 将能量带至心轮

5. 用心轮呼吸　　　　　　6. 感受你的心轮

通过向上移动能量转换意识

现在我们已经掌握了将能量从核心向上移动的基础知识，那么让我们练习使用这种能量技能来转换意识。

一般来说，我们体内最活跃的是下面三个脉轮，即海底轮、脐轮和太阳神经丛。

它们用自己的情绪和思想支配着我们，能量程度从"非常明亮"到"极度沉重"。

除了在右边的边栏中简单提及之外，我们不会对这些脉轮所包含的全部内容进行深入探讨。我们会重点讨论在低级脉轮中可能遇到的一些更具挑战性的问题，以及如何解决它们。

意识就像一栋大厦，里面有很多不同的楼层，我们可以转换到很多层次。我们将重点讨论四种不同的向上移动。我们之所以选择这四种，是因为它们都是一个人在迈向成熟的过程中非常重要的节点。

> **前三个脉轮的典型思考**
> **海底轮**
> 我有足够的钱吗？
> 我很担心
> 我很害怕
> 我不信任他 / 她 / 它
> **脐轮**
> 我有归属感吗？
> 我的需求得不到满足
> 我想靠近他 / 她
> 我需要更多
> **太阳神经丛**
> 尊重我！
> 他比我成功 / 富有 / 重要
> 我想成为第一
> 我太笨 / 蠢 / 低人一等

意识的四个主要转变

上移 #1：从依赖到许可

从脐轮转移到太阳神经丛

我们的第一个移动是从脐轮向上移动到上方的太阳神经丛。这是最重要的意识转变之一，每个人都必须有所经历才能变成有力量的个体。

脐轮与你内心世界的稚气有关。它代表着你对他人和事物的情感依恋。当脐轮的能量不健康或失去平衡时，你就会带着孩子的情绪和思维。你会变得依赖、需要别人、过于情绪化和依恋。

太阳神经丛位于肋骨下方。健康时，它能让你触及内在那个成熟的成人。你感到自主自立。你感到有能力、独立、有力量、强大。

出现以下感觉时，你可能需要使用这种能量技能：

➤ 需要帮助或依赖他人
➤ 陷入"我做不到"的心态

➤ 感觉自己像个迷失的孩子

➤ 情绪失控

➤ 懒惰、"一团糟"、浑浑噩噩

练习14.3：从依赖到许可：从脐轮到太阳神经丛

1. 唤醒脐轮

首先通过腹部吸气和呼气。想象每一次呼吸都深入腹部，为脐轮注入能量和意识。你可能会感觉腹部变得更安静或更温暖。至少做五次缓慢的深呼吸。

2. 向上呼吸至太阳神经丛

现在，在下一次吸气时，将腹部的能量向上吸入肋骨下的太阳神经丛，想象太阳神经丛充满能量。这样做三次。

3. 打开太阳神经丛

现在通过太阳神经丛吸气和呼气。每次呼气时想象太阳神经丛放松并打开。你的身体可能会微妙地改变姿势。你可能会注意到身体感觉和情绪的变化。你是否感觉更有力量了？观察你的人生观是否发生了变化。

4. 测试你的力量

想一想，你以前在什么情况下没有感觉到自己的力量。现在，继续在太阳神经丛呼吸，在这种情况下，你现在是否感到更有信心、有力量或行动力？

快速参考要点：

1. 唤醒脐轮
2. 向上呼吸至太阳神经丛
3. 打开太阳神经丛
4. 测试你的力量

上移 #2：从"动物性"到"神圣人性"

从底层三个中心移动到心轮

虽然我们已经练习了让呼吸进入心轮，但现在我们要引入"心的意识"，它将为我们的练习增添一个全新的维度。

心轮是你体内最强大、最重要的能量中心之一。它不仅让你敞开心扉去爱，还为你打开了一种看待和感受世界的新方式，这是一个充满怜悯、同情、团结和统一的世界。

通过呼吸把能量带入心轮的目的

底层三个中心即海底轮、脐轮和太阳神经丛包含着与我们进化历史相关的强大本能。虽然这些脉轮对生活至关重要，但只生活在这些脉轮会让我们停留在"动物性"的状态，在这里，我们关注的是生存、生殖和社会地位。通过呼吸把能量带入心轮能将你的意识提升到一个更高的层次。它打开了你的"神圣人性"，让你认识到自己与万物的相互联系，体验到生命的统一性。经过这种体验，利他主义、同理心、慷慨和同情心也都会相继浮现。

练习 14.4：从动物性到"神圣人性"：从低阶脉轮到心轮

1. 唤醒低阶的三个脉轮中心

➤ 将注意力转向你的海底轮，你这棵大树的根部。想象在那里呼吸活力，充盈能量场。

➤ 将活力引到脐轮，直到腹部感觉饱满而温暖。

➤ 现在将能量向上吸至太阳神经丛。

➤ 想象底层三个能量中心的连接，就像一根充满活力、温暖和激情的柱子。想象这些能量中心排列整齐、居中。

2. 柔和地将能量提升至心轮

现在，让你的呼吸变得更柔和、更内敛，将能量提升到心轮，激发心轮中的能量，想象其发出更明亮、更绚丽的光芒。

3. 散发爱的光芒

让爱和感激之情洋溢。将这些发送到外部世界。

补充： 如果在做这个练习之前，你的生活里有任

将能量提升到心轮

何问题或困难，你可以利用这个练习，"用心灵的眼睛"来看待它们。你可能会惊奇地发现，你的心灵可以给你提供一个新的视角和洞见。

快速参考要点：

1. 唤醒低阶的三个脉轮中心
2. 柔和地将能量提升至心轮
3. 散发爱的光芒

上移 #3：从"剧中人"到清醒的观察者
从底层的五个脉轮提升到觉醒的眉心轮（第三眼）

眉心轮是意识的奇迹。它赋予你思想、直觉、预见和洞察力。进入眉心轮是一项必要的"能量平衡"技能，这将会带你走出情绪戏剧的"噪声"。

通过呼吸把能量带到眉心轮的目的

通过呼吸把能量带到眉心轮，可以开启对于"居于中心"状态必需的一项品质——我们称之为"观察者"。观察者保持超然、客观。它只是看着你内心涌动的情绪或想法，不会分析或评判它们，也不会试图改变它们。它只是走出戏剧，成为一个警觉的旁观者。

以下练习是"能量平衡"的杰出瑰宝之一，就像是一颗璀璨的钻石，无论你走到哪里，都可以随身携带。它简单易做，随时随地都能练习，而且效果惊人。我们邀请你让它成为你生活中的宝藏，就像它对于我们一样。在你感到紧张、不堪重负、迷失方向、思维不集中或失去平衡时，它都可以派上用场。

眉心轮往往会因为我们的思考方式而变得绷紧。我们用这个练习来放松眉心轮，帮助它扩展意识状态。这个练习还能放松你的眼睛和前额的压力。

我们建议你先阅读整个练习，有所了解。然后，我们将指导你进行简单的 4 步练习。

练习 14.5：从"剧中人"到清醒的"观察者"——从底层的五个脉轮中心提升到觉醒的眉心轮

A. 准备

1. 放松眉心轮

首先用双手揉搓脸部，使其清醒。然后用三根手指从鼻梁到发际线慢慢按摩前额。用眼睛和呼吸跟随这个动作。当按摩到发际线时，让手和眼睛停留片刻，感受能量的转换。做 3~5 次。

B. 能量转换

2. 激活底层脉轮

将注意力转向你的三个底层的能量中心，即海底轮、脐轮和太阳神经丛。注意那里的任何动作或情绪。然后用力吸气，想象为它们注入活力。

3 将生命能量通过核心通道引领到眉心轮

将底层中心的生命能量吸入核心通道，然后一路向上，带到额头中央的眉心轮。双手在身体前方向上沿着核心通道扫动，协助能量向上移动。

4. 扩展眉心轮

继续向上扫动数次，直到你感觉头部变轻、振动并闪耀着能量。用双手打开整个头部周围的区域，就好像头部周围有一个光环在发光。

C. 核心练习

5. 与"观察者"建立联系

与你体内的"观察者"建立联系。想象在你头部的正中央有一个闪耀着智慧和清澈光芒的地方，让它随着每一次呼吸而更加闪耀。

6. 让观察者向下俯视底层脉轮

将你的意识停留在眉心轮的扩张感和清晰感上。现在，从观察者向下看你的底层脉轮。让观察者注意底层脉轮的变化。那里可能有各种感觉，也许是兴奋、悲伤或愤怒，也许是温暖、紧张、不安或疲惫；某个地方的能量在流动，而在其他地方能量正在流失或发生了阻塞。以上这些只是做一个描述，帮助你集中注意力，"观察"你内心独特的活动。

D. 完成

7. 关注当下

无论你"看到"什么——只是接受它。不要改变它。不要因此评判自己。只是看着它。

活在"当下"。这是"观察者"带给你的礼物。

快速参考要点：

1. 摩擦额头，唤醒眉心轮

2. 从下往上扫动所有生命能量，直至眉心轮

3. 与眉心轮深处的"观察者"连接

4. 让"观察者"俯视并觉察体内的情况

上移 #4：从人格到智慧

从底层的六个脉轮提升到顶轮

头顶的顶轮开启了丰富的智慧、理解力和更全观的思考。在这里，你会超越有限的自我，意识到自己是更大的宇宙的一部分。你会意识到塑造事物的多种力量。你会摆脱之前的时间观念限制，在包含过去和未来的整体脉络下看待你当前的处境。你会意识到自己是一个有灵性的人，一个拥有巨大能量和意识的人。

通过呼吸把能量带到顶轮的目的

通过呼吸，把能量带到顶轮，可以打开这个更高层级的意识维度，为你带来新的方向、目标和视角，以应对更多的挑战。

练习 14.6：从人格到智慧——从低阶的六个能量中心移动到顶轮

A. 准备

1. 像树一样接地和充能

让我们回到树的想象。花几分钟时间练习通过脊柱底部的海底轮吸气和呼气。想象每一次呼吸的能量都会顺着海底轮向下移动，进入树根，再进入大地。然后在吸气时将能量从大地沿着树根向上引入海底轮。每一次呼吸都会给那里带来活力。想象能量越来越多，储存的能量越来越满。在此进行 10 次缓慢的深呼吸。

2. 将能量向上引到头顶

现在，在下一次吸气时，将这股能量用力地沿着脊柱吸到头顶。你可以想象用吸管吸饮料的方式——想象用呼吸把能量从海底轮吸起，沿着脊柱向上，一直吸到头顶。重复 3 次。

B. 核心练习

3. 观想头顶和头顶周围发光

现在想象从头顶吸气和呼气。想象一个发光的球体在头顶周围和上方。这是头顶脉轮，是我们这棵树的最高处。树的最高处。想象这

个球体越来越亮，越来越有活力。

4. 激发智慧

想象此处的智慧品质。你正在获取自己的智慧、人类的集体智慧以及生命的根本智慧。让每一次呼吸都"激发智慧"，帮助你触及你所拥有的无限意识。

练习冥想的人会重复地把能量从海底轮通过呼吸引到头顶，然后在顶轮冥想一个小时或更长的时间。这个时间以你能接受为宜。

C. 完成

5. 回来，享受"意识之光"

当你感觉圆满时，睁开眼睛，环顾四周。你可能会发现自己的眼睛更清澈了，或者你所感知到的东西闪闪发光。花点时间享受一下这种强大的能量练习所带来的"意识之光"。

快速参考要点：

1. 做树的练习
2. 将能量吸入头顶
3. 观想头顶和头顶周围发光
4. 激发智慧
5. 回来，享受"意识之光"

如果做完这个练习后，你感觉自己没有"落地"，可以花几分钟时间通过呼吸将能量从头顶顺着脊柱引入海底轮，再进入大地。想象自己"接地"并扎根于大地。如需了解更多关于"落地"的知识，请查阅第 16 章。

我们在前面谈到"不仅仅只是活着，而是充满生机地活着"，表明了生活还有另外一个可以给我们带来喜悦和幸福的维度。能量向上运动是终极的"能量平衡"技能。"向上"能提高你的振动频率，提升你的意识。它能带你摆脱"遮蔽"你的情绪和思想，给你以新的见解和更高的视角。"向上"能将稠密的能量转化为更具有生命力的能量。最终，"向上"能将简单、平凡甚至负面的事物转化为有意义的、重要的、深刻的事物——你与生俱来的更高层次的思想和情感。

15　超越——遇见高我

　　海浪轻轻地卷过平静的海面，波涛轻轻地拍打着沙滩。和煦的微风轻抚着我的肌肤。头顶是晴朗的星空——浩瀚的宇宙。我思绪万千，感叹这颗被我们称为地球的星球的神奇；感叹数十亿年的进化从未停止；感叹数百万颗恒星闪耀着璀璨的光芒，以及那些在很久很久以前就已经变成石头的恒星。宇宙大爆炸理论、量子理论、平行宇宙——我的大脑无法理解！但永恒在我心中颤抖。我是谁？我以神秘的方式与更伟大的事物相连。

　　　　　　我是沙漠中的一粒沙，海洋中的一滴水，永远随波逐流……

　　我们都曾触摸过"更伟大的事物"。这种触碰会让我们超凡脱俗。你可能在如上所述情景或者在大自然中独处时体验过它。或者，你可能在性爱的幸福时刻感受过它，或者在他人的眼神中，或者在人们的团结一心中感受到过。无论是怎样发生的，你都曾有过这样的时刻，它让你从平常的生活中解脱出来，将你与更伟大的事物联系在一起。

这个"更伟大的事物"就是能量工作的终极目标。在这里，能量提升了我们，把我们带到了一个充满意识、智慧、联结、清明、目的、活力和爱的地方。这都是为了让我们进入更高的生命维度。能量成为通往"超自然"之路。

所有灵性传统都指向同一件事——存在"更多的东西"

正如一位禅宗大师所说，所有文化和时代都有"指向月亮的手指"——表明"更多的东西"确实存在，它是所有人与生俱来的权利和命运。几乎所有文化都有达到这一境界的途径和实践。无论是有宗教组织的庄严仪式，还是原住居民的迷幻舞蹈，世界各地的文化都为我们提供了接触另一个维度的途径。

现代社会在这方面做出了许多独特的贡献。其中之一非常重要，但又不显著，以至于我们甚至没有意识到它的重要性。这个贡献就是我们有能力获取世界所有灵性教诲以及宗教的研究结果。

过去，每种文化的精神信仰和习俗都存在于该文化的内部，很少与外界接触。由于贸易路线的局限性和水路的危险性，文化之间很少相互交流和传播。

虽然这为每种文化的灵性传统提供了相对不受干扰的生长环境，但也因文化的局限性和偏见造成了扭曲。

突然之间，在短短的一个世纪里，世界变得开放了。去任何一家大型书店，你都会看到来自各个文化和时代的精神典籍。之前只在特定群体内被守护的秘密和精神典籍，而现在都可以公开获取，这些书整齐地堆放在一起，并可通过网络浏览器进行搜索。

表面上看，这些灵性传统的形式似乎各不相同；每个传统都披着独特的文化外衣。但当你把它们并列在一起时，共性就会显现出来，似乎所有这些传统都掌握着同样的普遍真理和原则，差异主要在于文化表达的形式。

在头顶开启重要之物

在这些反复出现的线索中，最核心的一条线索是，有重大意义的东西会在"头顶"开启。几乎所有的文化都使用最常见的标志来表示一个人的灵性成就，那就是特殊的头饰。无论是金冠还是羽毛头饰，古往今来的文化都会在头顶上戴上与灵性成就有关的东西。

而这些只是外在的表现形式。如果你研究一下众多传统中灵性发展的习俗，你会反复看到他们聚焦到头顶的各种修习方法。

沉思和冥想、使用特殊物质和物品以及能量工作只是其中的几种。

当你剥去神秘主义和宗教的外衣，你会发现这其中揭示的是通过将能量和意识引导至头顶来激发更高意识的方法。

☀ 能量原则 14：高阶意识从顶轮开启

将能量引导至顶轮可激发更高层次的意识形态。

玛格丽塔的故事

我"拥有一切"。我和一个非常般配、英俊又成功的男人交往，我们很恩爱。我是自己公司的总裁，领导国内外快速消费品营销研究项目。我的生活节奏也很快：我在顶级联赛中打冰球，喜欢自由式滑雪和冲浪，在遥远美丽的地方度假。这一切看起来不错，感觉也不错：成功、享受美好时光，有好朋友和爱情在身边。

然而，我还是缺少了点什么。怎么会这样呢？

当我试图分享这种烦躁的感觉时，其他人会说，"你有什么问题？你什么都有。别抱怨了。"虽然无法确切说出我那"更多"的东西是什么，但感觉就像我内心存有一个漏洞，无法与人分享，让我感到孤独和莫名其妙得不对劲。

我一直在四处寻觅，后来成为一名生涯顾问，参加了人际关系和沟通培训，并参加了脉轮练习和能量治疗课程。然后有一天，我参加了本质训练工作坊。在一次指导练习中，我闭着眼睛，听到老师说："把你的能量呼吸到头顶，吸入你的顶轮。"我努力尝试，但只感到头痛。这怎么可能奏效呢？我睁开眼，偷偷地看了看周围的人。其他人都闭着眼睛坐着，似乎非常专注。难道只有我觉得毫无头绪吗？

"现在，把你们的意识再往上移一点。"再往上？那里有什么东西吗？我怀疑这一点，因为我的头痛得更厉害了。我真的不明白这有什么意义。然而，有什么东西在催促我继续前进。

长期以来，"上升"和超越对我来说始终是个谜。我认为自己没有这方面的天赋。我很想说，在我身上发生了"轰隆隆的顿悟体验"，然后世界

高我
人的头顶会开启一种深邃的高阶意识状态。我们称之为"高我"

就再也不一样了。但事实并非如此。后来，我的头痛慢慢减轻了，我开始感觉到头顶有刺痛感。这种特殊的"超越"冥想变得越来越平和，同时也越来越令人兴奋。

虽然看起来几乎没有什么变化，但我的能量系统已经开始慢慢转变，只是我的意识还没有察觉到我的能量场中的微妙变化，而这些变化正在让我为更大的事情做准备。突然间，一个更大的空间打开了。一个新的领域，一个更大的视角展现在我的眼前。随着时间的推移，这种情况一次又一次地发生，每一次我都惊叹不已，因为每一次我都会获得新的洞见和不同层级的喜悦感。

走出世界的"疯狂常态"

任何开启过高维意识状态的人都会发现，这些状态会让你超凡脱俗。它们带来一种清醒和智慧，让你超越这个世界的"疯狂常态"。你与更广阔的生命意义相连；它们赋予你意义和目标，它们让你接触到所谓的灵性、神秘或超然。这些状态带来了人性中最理想的品质，如爱、智慧、同情心、利他主义、力量和远见。

"疯狂常态"

我们大多数人生活在能量囤积于下部的"正常"状态中

超越

将能量提升到更高意识

在"能量平衡"中，我们简单称之为"超越"。无论使用什么名称，无论是本体、高我、启蒙或更高层次的意识，都不重要；我们关心的是直接进入这里所开启的超越体验。

"能量平衡"将许多方法提炼为一种基本练习，通过将能量从脊柱带到头顶及其上方，帮助你唤醒更高层面的自我。"能量平衡"提供了一种科学方法。

通过核心通道体验和第 4 章中的树的练习，你已经有了更高层次的体验。在这里，我们将探讨这么做的深层意义，并增加一些内容，使其更加强大。

召唤和唤醒

为了让大家更好地准备接下来的练习，我们要介绍一些术语。

定义：第八中心或高我
你的自我中更高阶的部分，大约在头顶上方一英尺处，想象这里有一个携带高频振动的能量旋涡，包含着更高层次的意识。

定义：桥
桥是核心通道的一部分。想象核心通道从脊柱底部延伸至头顶，再向上延伸一英尺到达高我或第八个脉轮中心。

这座桥梁连接着顶轮和高我。通过这座桥梁向上引导能量，我们就能激活和打开这座桥梁，与高我建立更直接的联系。

定义：召唤——向上呼唤的过程
召唤是由你来完成的事情；这是你呼唤和打招呼的方式："你好，高我 / 智我 / 高我 / 存在 / 本体 / 上帝，现在与我同在。"你向上传送语言、意图、情感和能量，创造出一条能量通道。

定义：唤醒——唤醒的是回馈的反应
这就是神奇经历。它可能是一种感觉、一种洞察力、一幅画面或一种愿景——我们只有在它发生后才知道。它可能很微妙，就像微风中几乎感觉不到的一朵小花的芬芳，也可能像一道闪电一样强大。最重要的是信任、臣服和放手。

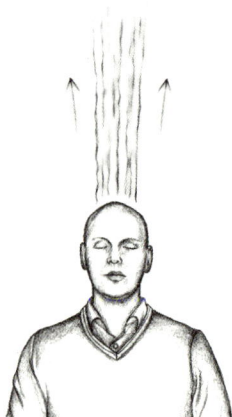

召唤

召唤是对高我的"向上呼唤"

能量原则 15：召唤与唤醒

召唤与唤醒是因果关系。当你向上呼唤时，能量世界也会做出回应。

神奇经历启动

通过召唤和唤醒，神奇经历开始启动。更高的维度变得更加活跃。事实上，高维一直都很活跃。虽然它一直在努力向下传递，但低维太忙太嘈杂，注意力在别处，我们就不会注意到，高维也就难渗透进来。当你刻意将能量向上提升的那一刻，你就是在关注高维并开始打开通道。无论你是简单地向上开放，还是向高维提出具体的要求，你都可以获得神奇的经历。

练习 15.1：超越——开启神奇经历

1. 向上，通过"桥"连接高我

当你"向上"将能量带到头顶，观想能量通过"桥"到达头顶上方，想象在头顶上方一英尺处有一个光球。将其看作核心通道的延伸：想象核心通道从脊柱底部穿过头顶，一直延伸到这个光球。我们可以把它想象成第八脉轮中心或高我。

2. 与高我建立联系

想象你正在与"高我"接触。你可以观想这里的品质，如智慧、爱、慈悲、远见或力量。你可以把这里看作你真正的家、你的终极自我或通往灵魂的大门。

这些都是针对这里存在的超宽频谱的不同面向的不同名称。忠于你的体验，不要被这些名称所束缚，还是那句话，找到对你最适合的方式。重要的是，你要敞开心扉，去接触更高

唤醒

唤醒是"上方"对我们呼唤的回应

层次的事物。

3. 召唤——呼唤高我

你可以简单地说："你好，高我／智我／本体／存在／灵魂／上帝，现在与我同在。"或者你可以说得更具体一些，抱着就某一特定主题获得指导、支持和帮助的意图，"高我，请帮我理解 _____。"

4. 唤醒——接受回应

尽可能地不带有任何期望和要求。这不是一个意志和行动的过程。这不是由你决定的。你已经做了你可以做的。你已经将能量向上传递。你已经真诚地发出请求，发出邀请和意图。现在，放手吧，随遇而安。高我会以自己的方式和时间开始显现。已经开始了。

5. 高我回应

高我的回应令人惊叹。它并不总是立竿见影。它可能不会与你"向上"的动作同时出现，但回应已经开始了。回应可能会立即出现，也可能在一天、一周或一个月后出现。但当你开始召唤时，一些东西就被唤醒了。

快速参考要点：

1. 向上，通过"桥"连接"高我"
2. 与"高我"建立联系
3. 召唤——呼唤"高我"
4. 唤醒——接受回应
5. 高我回应

当你聆听"高我"时，要敞开你所有的感官。回应可能是一幅画面，也可能是一种感觉。可能是身体的感觉，也可能是语言。你可能会听到或看到。你可能会突然明白，甚至是一种气味或味道。其中一些迹象可能不会马上对你产生意义。要有耐心——这就像学习一门新语言。随着时间的推移，你将学会理解和转变你的感知。

感受到"高我的回应"，可以觉察以下这些迹象：

➤ 更强的振动感。

➤ 轻盈、明亮的感觉。

"高我"出现在日常生活中

与"高我"携手，"高我"会越来越多地
出现在你的日常生活中

- ➤ 获得洞见、头脑清醒或获得资讯。
- ➤ 身体出现不寻常的感受或感觉。
- ➤ 对自己和所处环境有了更广阔的认识。
- ➤ 可以从想法和情绪中抽离。
- ➤ 出现所谓的"巧合"，带来具有特殊意义的关联、信息或人物。
- ➤ 意识到你不只是"小我"，即那个有着各种模式、噪声、行为和想法的人格。
- ➤ 一种更深层次的意义感，一种更伟大的事物在起作用的感觉。
- ➤ 目标感。
- ➤ 还有更多我们没有提到的"高我"提醒你的方式。留心"魔法回应"。

你的实用主义思想可能会说："这些美好而富有洞察力的状态适合于冥想。那在我的日常生活、工作及家庭里，这有什么用呢？"

想象在你的日常生活中也是这样的状态。说到终极的能量技能，这些更高的意识状态就是了！你开始生活在更高层次的智慧、爱和力量里，这会渗透到你生活的方方面面。你将会以全新的、更有利于生活的积极方式来面对生活。

玛格丽塔：

事实上，这些更高的维度对我的日常生活产生了立竿见影的影响。与他人相遇变得更加令人兴奋。我对自然的体验变得更加丰富。冥想成为一种乐趣。而进入我们所说的"更高的维度"则为我的生活提供了持续的指引。我现在可以做出更明智的决定。在工作中，我感觉自己的状态更好了。

我的幸福越来越不受外部环境和他人行为的影响。我的生活比10年前充实多了。

对我来说，最重要的是，我找到了自己的目标：帮助他人也找到这种联系。这成为我生命中最重要的驱动力，也带给了我心灵的平静。我深深地明白我为什么会在这里，生命的意义是什么。我感觉到自己与更伟大的事物有某种联系，感觉到自己不是一个人在战斗——有一股更强大的力量在支撑着我。

如今，"超越"平常觉知成为我非常自然的一部分，也是我最宝贵的财富之一。我主持研讨会，帮助他人重新与高我建立联系，接触高我，获得直觉和灵感。

现在的生活真是令人兴奋！虽然这个过程有时似乎要花费很长时间，但这种"连接"是我一生中取得的最重要的成就：我找到了我自己——真实的自我。

这就是"能量平衡"的真正目标——唤醒这个美好的"你"。

垂直方向
意识的层面：向上、超越和向下

（二）能量向下

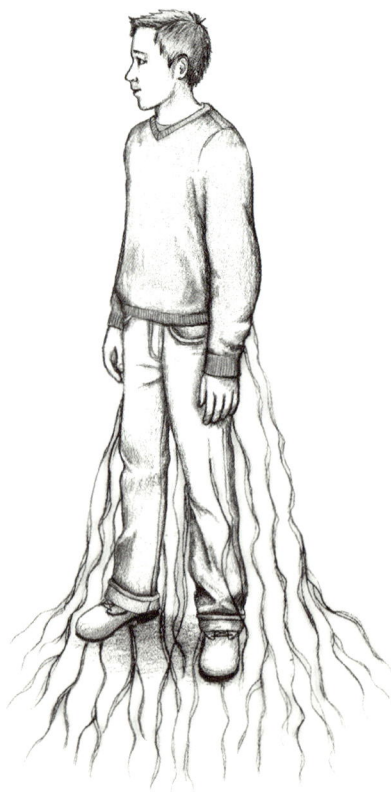

16 由上到下——落地

灵性是具体可感知的

玛格丽塔：

我七岁，坐在教堂里。我父亲在教堂里做礼拜，他的声音在教堂里微弱地回荡着；我的注意力在别处——我被那些巨大的彩色石子迷住了，阳光穿过这些石子照射到教堂里。这些石子的颜色非常强烈，像超大号钻石的刻面一样闪闪发光。看着这奇妙的光，我的脊椎不停地颤抖，我的头也感到一阵强烈的刺痛。我感到有一种更高的存在。我没有多想。只是感觉很自然，很真实。高我——更高的存在——是我身体里的一种体验。

之后，虽然我偶尔会在听音乐或与大自然相处时可以感受到这种高阶状态，但这种体验慢慢地逐渐消失了。直到27年后，我与"更高的存在"的联系再次打开，且更加强烈。在一次能量会议上，我的顶轮突然又打开了，能量涌入我的身体。它太强大了，我的手臂向两边伸开——我情不自禁地举了起来。就像达·芬奇的钢笔素描画《维特鲁威人》一样，我在那儿站着开始大笑和颤抖，失去了所有的时间和空间感。强大的能量热流像香槟泡沫般流遍我的全身。从那一刻起，我的生活就再也不一样了……

能量原则 16：灵性的物质性
灵性是身体里的一种体验。

体验"超越"是人类最重要、最振奋的经历之一。它开启了智慧、爱、力量和使命的维度，这确实是非同寻常的体验。这种体验将永远改变你。你拥有了全新的能量、更广阔的视野和对生活及其多种情况的洞察力。你真正开始生活在更高层次的意识维度里，这会改变你生活中的一切。

但这还不是最终目标。事实上，我们认为这样只是完成了旅程的前半段。旅程的后半段是把这种意识带下来，让它体现在你的身体、思想和情感中。正如之前在玛格丽塔的故事中，这种能量的倾泻变成了一种身体上的具体体验。它开始安住在你的身体里。你要学会将它付诸实践，在行动中表现出来，让它改变你的生活。每个"关于你是谁"以及你生活的方方面面都承载着这种体验。

☀ **能量原则 17：显化高我**

　　我们来到地球上，就是要将我们本质中更高的能量带下来，并在我们的身体、心灵、情感和行动中表现出来。

　　随着"超越"的开启，你会唤醒更高的人生目标。你知道自己来到这里是有原因的，而且之前发生的一切都有着更深层的意义。

> "向下"意味着将更高频率的能量和意识带入这个身体和这个人。这就是在地球上活出你的本质。

　　拥有了这种目标感，你的挑战就是把这种目标活出来。憧憬一个更美好的世界是一回事，而走出去并切实为此做些事情则是另一回事。

　　这就是能量"向下"的挑战——落地。如果你什么也不做，再好的想法也没有用。俗话说"通往地狱的路是用善意铺成的"。好的想法如果没有落地且被实际应用，不仅毫无用处，甚至可能还具有破坏性。

　　我们在这个世界上偶尔会接触到高我，但是，每个人也都面临着活出更高自我的挑战。谁不曾拥有一个美好的想法，却无法将其很好地表达出来？或者有很好的意图，但却无法充分实现？或者对食物、烟酒上瘾，甚至仅仅是一种坏习惯，你想改变它，但又被它再次控制？在所有这些情况下，我们都是无法将更高层次的认知落实下来。

接地
更高的能量向下流动，注入身体并扎根

接地

　　"接地"是"向下"的主题。如果我们用"超凡"一词作为"超越"的主题，表示给我们插上翅膀，把我们提升到更高维度的境界，那么"接地"就是这个主题的另一端。"接地"让我们保持真实，让我们与身体相连，让我们接触自然和自然界。"接地"处理的是实际和有形之物，这不是一件无聊且乏味的事情，而是更高事物的体现，是无形之物在有形中的表达。这是将更理想的你、更高层次的思想和情感带下来的能力，也是在这个世界上活出真正的你，活出无限、美好、丰富的你的能力。

让我们一起来探索这种"接地"的状态。你肯定有过头晕目眩的经历。不管是因为站起来的速度太快，还是因为生病了，或者是摄入了过多的酒精，在那一刻，你都没有接地。你处于不稳定的状态，摇摇晃晃，脆弱不堪。

📖 **定义：接地**
"接地"是将更高振动的能量、思想和情感带下来，并在这个世界上扎根的能力。接地让我们保持真实，让我们与身体相连，让我们与自然和自然界接触。

现在，与你"接地"的时刻对比一下。也许你正在进行一项体育运动，非常投入，你的双脚牢牢地踩在地面上。你迈着坚定的步伐。你敏捷、充满活力、保持平衡，每个动作都协调一致，借助大地的力量跳跃、奔跑和冲刺。感觉不错吧？

让我们看看"接地"的另一个方面，即脚踏实地和实事求是。这可能发生在一个非常普通的时刻，比如开支票或付账单时。在那一刻，你对所有事情都了如指掌；你的现金状况一目了然，你对自己的事务负起责任，你有一种掌控一切的良好感觉。

现在，让我们再来看看接地的其他方面：在花园里刨土，在山上徒步旅行，还是在海滩上把脚埋进沙子里，你肯定有过与大自然融为一体的时刻。它让你感觉到非常满足和充实。

虽然上述三个例子涉及"接地"的不同方面，但有一个共同点：活在当下。你与此刻你正在做的事紧密相连。在上述的每一个例子中，你都跟随能量流动，与所做的

运动员充满活力，同时也是接地的

写支票的人落地于现实世界

双脚踩在沙子里与大地连接

事情合拍，你是平衡的、连接的、居中的。

以下是描述"接地"的一些要点：

➤ 脚踏实地，无论是现实还是隐喻

➤ 你是实际的

➤ 你是处于当下的

➤ 你是务实的

➤ 你与大地、此刻、周围的能量紧密相连

➤ 你牢牢地锚定在自己的身体里

为什么要接地？接地为何重要？为什么它是一种能量技能？

当你接地时，你就能接触当下和周围的世界。你的心思没有乱跑。你活在当下并保持警觉，因此你就会很高效。举个例子，你有没有一边开车一边用手机通话？或者更糟糕的是，你有没有一边开车一边拨电话？

这时候，你没有注意其他车辆，也没有注意道路状况。你的注意力在别处。你知道吗？有 28% 的车祸是开车打电话或发短信造成的。

没有接地

驾驶过程中没有接地和处于当下，结果可能是场灾难。在大多数其他活动中，不接地的结果并不明显，但仍然会给我们带来破坏。最起码，我们会错过当下。你是否有过这样的经历：你置身于大自然的美景中时，却因为忙于处理其他事情而忽略了身边的美景？更常见的是，当我们没有接地时，我们会犯错误；我们会笨手笨脚，没有把事情想清楚；或者因为我们没有处于当下，最终伤害了他人或把事情搞砸。

另一个没有接地的例子：一个人总是空想。你可能认识某个人（或你自己），他曾为一个伟大的想法着迷，而这确实是一个伟大的想法。但它并不现实，既不脚踏实地，也不切合实际。并不是说想法一定要实用。事实上，大多数好主意都是从梦想开始，与现

没有接地的人，能量
在头顶旋转

实相去甚远。但有人会将这些想法付诸实践，并开始构建它们。你可能对"空中楼阁"或"异想天开"这些说法并不陌生。它们指的是那些不现实、不考虑现实、不接地气的人。他们觉得自己生活在一个幻想世界里，与现实脱节。

或者，你是否曾经询问过别人最近过得怎么样，然后他们开始滔滔不绝地讲故事？好像你真的需要听到每个细节才能明白。

而实际上，只是单纯地说"我很难过"这几个字就已经传递了很多，也更接地气。我们把上述情形称之为"讲故事"。人们花费了大量时间讲故事。

与"异想天开"形成鲜明对比的是一个脚踏实地的人；他们活在当下，与现实相连。并不是说脚踏实地就是要做事，你可以什么都不做，但你是活在当下的。因为你与现实相连，所以你对当下的任何反应也都是有效的。

以下是个简单的练习：试着对一个正在讲故事的人说："我真的很想听你说话，但我被这些语言和细节迷惑了。你能不能用三个字告诉我，你的真实感受是什么？"

如何知道自己什么时候没有接地呢？

以下是描述没有接地的一些要点：

你可能会觉得……

➤ 笨手笨脚

➤ 脱节

➤ 想东想西——脑子里想的都是过去或未来的事情

➤ 缺乏理性

➤ 过于脆弱

➤ 缺乏力量、活力和耐力

你可能不接地的情况：

➤ 开会时

➤ 因生病、睡眠不足而变得虚弱

➤ 长时间对着电脑

➤ 醒来，但不在你的身体里

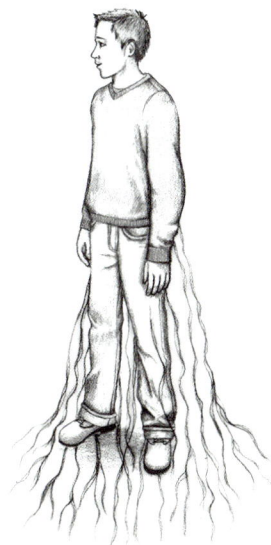

接地的能量学
当你接地时，能量会在你的核心通道流动，并通过你的脊柱底部的海底轮进入大地

我（卡比尔）第一次听到"会议致死"这个说法时，不禁哑然失笑。我参加过太多让人生不如死的会议。一群人精神错乱，互相汲取对方的能量，直到你变得不接地，头脑混乱，你只想尖叫。

接地的四种简单方法

遇到上诉类似情形时，我们能做些什么呢？你可以简单地让能量向下移动。接地是一种能量向下的状态，经过脊柱底部的海底轮，经过我们的双腿，进入大地。这是一种很容易达到的能量状态。

练习16.1：向下呼吸

1. 深吸一口气，然后呼气。呼气时，想象能量顺着脊柱流向位于尾骨（脊柱底部）的海底轮。海底轮蕴藏着巨大的生命能量，称为昆达利尼能量。

2. 想象你的海底轮是一个盛放生命能量的盆子。让你的呼吸充斥海底轮，直到你感觉它充满了生命力。

3. 然后让呼吸继续向下，直至大地。感觉自己与大地相连。扎根于大地。

呼吸，把能量带下去

练习16.2：把能量带下去

1. 将双臂举至身体前方，手心朝下，慢慢将能量向下扫至海底轮。多做几次。

2. 现在，双手伸向能量场上部的任何地方——身体前方、两侧和头顶——重复向下的动作。想象把自己从思想中带出来，向下进入身体。

3. 用双手打开海底轮周围的能量，扩展海底轮。

4. 继续把能量向下带，带到你的双脚。花几分钟感受能量流经你的双腿和脚踝进入大地。

把能量带下去

5. 想象深入大地内部几英寸的一个点，就像一个虚构的重力中心，你可以放松并锚定在这个点上。

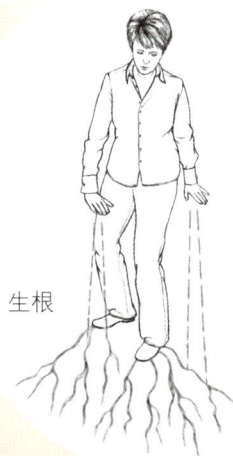

生根

练习 16.3：生根

1. 一只手放在身体前方，一只手放在身体后方，手掌朝下，轻轻地向下移动到你的海底轮和下方。想象你的双手正在帮助向下打开海底轮的能量。

2. 与大地连接。想象自己就像一棵树，看到自己的"根"深深地扎到了大地里。感受这种接地感，以及由此带来的稳固和滋养。

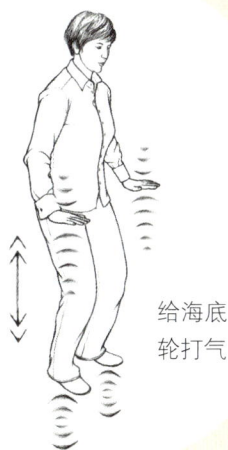

给海底轮打气

练习 16.4：给海底轮打气

1. 双膝微屈站立，双手紧贴臀部，**掌心朝下**与地面平行。

2. 现在开始向下移动身体，就像把空气推向地面一样。吸气时身体回升，呼气时身体下压。慢慢开始，然后加快动作。

3. 在这个有节奏的动作中，每次向下压的时候，加入一个低沉的声音"啊"。从身体深处发声。

4. 放松，感受能量振动的提升。

接地的四种快速方法

如果你只有几分钟的时间来练习接地，可以选择以下的一个快速练习法。

练习 16.5：垂臂

将双臂举过头顶，保持片刻；呼吸；然后让双臂垂到身体两侧。感受重力。

163

练习 16.6：跺脚

双脚用力踩地。（如果你穿着高跟鞋，练习之前请脱掉。）踢踏地面，直到你能感觉到双脚温暖并充满能量。

练习 16.7：简单移动

移动——只需移动身体，就能让你回归大地。

练习 16.8：感受真实世界

与你周围的物质世界建立联系，哪怕是在一个非自然建材建成的房间。感受这个房间所依托的大地，即使它在 20 层楼高的地方。

如果你有勇气，可以在一个不接地的团体里，带领大家一起“接地”。

练习 16.9：带领团体接地

如果你觉得可以，告诉大家他们每个人都需要回归自己的身体。你可以要求每个人都站起来，移动身体，做手臂下垂练习。试着说：“伙计们，我需要停一下。我觉得我的大脑和身体脱节了。我需要重新接地。我想我们都需要这样做。我们能不能都站起来，一起做一个简单的接地练习？”

17　能量与意识——你的更高召唤

能量平衡的更高目的

能量的世界太不可思议了！当你睁开双眼，了解发生了什么的那一刻，一个全新的生命维度出现了。它是美好的、神奇的、有趣的，有时甚至是非常奇怪的。但无论如何，对能量的觉察会永远改变你。一旦你了解了能量，你就永远进入了生活的另一个维度；对于正在发生什么，你将会具有 X 光般的洞察力；同时，你也会获得处理事情的新技能。

现在，你生活在能量的世界里，你意识到这不仅仅是另一个更有趣的地方，而是你已经踏上了一条通往他处的路径。向能量世界敞开心扉，开始一段新的旅程。它将带你走向何方？

正如本书之前所讲，能量有各种不同的层次，而在其中心就是你的核心，是你本质的金色存有。能量揭示了你是一个无限的存在。你的意识、爱、智慧和创造力的潜力都是令人难以置信和无法衡量的。

能量原则 18：**能量的更高召唤**
能量寻求展现更高的振动形式和更高的意识。

能量平衡的目标是发展和活出你无限的意识，并且以最直接、最朴实和最实用的方式运用到你的人际关系、工作、交流和创造的过程中。

进入能量世界，你就会认识到，这种意识的发展是一个学习的过程。你会看到"学习的宇宙"；整个宇宙都在进化，并会把你带到越来越高层次的意识和存在。

你会发现，自己正处在"学习的宇宙"中一间独特的教室里，我们称之为"地球学校"。在这里，你会获得关于生命、意识和"你是谁"的特定的教诲。了解能量是地球的基础教学，也是开展其他许多教学课程的关键。通过了解能量，你会获得一个"了解事物如何以及为何如此"的基本框架，这会为你提供前进的方向和工具。

现在，你已经在路上了——在你与生活共舞以及处于各种各样的情境中时，你每天、每时每刻都在使用能量。这也是意识进入的地方，你会对于正在发生的事情越来越敏感。能量之旅就是意识之旅。当你越来越有意识，你对能量的感知也会越来越强。当你运用能量，你就会变得更有意识。它们是同一个现象的两极。

如何继续前行？

你读到了这里，能量已经开始和你对话了。它已不仅仅是一个抽象的概念，而是你内心鲜活的火花，期待可以燃烧得更加明亮。

你该如何继续前行？当然，如果我们不告诉你能量平衡学院和全面的能量平衡培训课程，那将是我们的失职。这是进入能量世界的独特入口。你可以参加基础课程，了解能量的基础知识，还可参加高级培训，成为一名认证能量平衡师，为他人提供服务。

如果我们不鼓励你去了解"本质训练内在工作学校"，那也是我们的疏忽，在那里，你可以开展深度的觉醒工作。"本质训练"是一个强大的转化过程，它以人类潜能科学为基础，将能量、内在工作和冥想结合在一起，是适用于个人转变的最强大的课程之一。"能量平衡"和"本质训练"都是世界上最顶级的能量和意识训练课程。

我们当然希望你能和我们一起工作。但我们很现实。本书的读者遍布全球各地。现在也有很多优秀的老师和课程。因此，无论你是与我们一起工作，还是与其他人一起工作，我们都鼓励你做三件事。

1. 冥想

首先是冥想。冥想是将你的意识转向内，并且与你的内在相契合的过程。

我们对冥想赞不绝口。对我们来说，冥想是绝对基础的练习，它能让思想和情绪都安静下来，清除内在和外在世界的噪声，帮助我们找到中心和平衡，最终打开通往

一个在沙滩上冥想的团体

更高意识维度的大门。

我们还知道，大多数尝试冥想的人都无法坚持下去。这是因为一开始，内在的混乱和紧张会让我们感到非常不舒服，我们宁愿用其他事情来分散自己的注意力，逃避而不去面对它们。

定义：冥想

冥想是将你的意识转向内，并且与你的内在，尤其是与你的高阶内在相契合的过程。冥想也是能够引导能量通过特定的管道打开更高层次的能量、意识和感知的有效方式。

能量平衡在冥想中发挥着重要作用，因为它能调整和整合我们体内许多不平衡的能量。通过创造平衡，能量平衡为冥想奠定了基础。

我们非常鼓励你学习冥想，并将冥想作为日常生活的一部分。每天半小时的冥想是你能送给自己的最棒的礼物，它能让你不断成长，最终结出丰硕的果实。

冥想一词的拉丁词根是"mederi"或"medicare"，与医学（medicine）一词的词根相同，意为"治愈、治疗、好转"。冥想是一种为灵魂准备的药物。就像不同的身体需要对应不同的药物一样，不同的心理需要也对应不同的冥想。你需要进行实验，找出最适合你的冥想方法。如果你能找到一位了解冥想技术的人，并能帮助你"开出"适合你的冥想处方，那就更好了。

很多人和组织提供冥想培训。你也可以参加我们在加勒比海的埃森莎度假中心（Esencia Retreat Center）举办的为期10天的定期冥想静修。

2. 内在工作

除了冥想，我们还想鼓励你进行内在工作。内在工作是自我成熟的过程。你在"你是谁"的整个频谱上工作，包括身体、情感、心理和灵性。你要去释放从过去所背负过来的不健康的情绪、思维模式和能量干扰。最重要的是，你会认识到自己的许多优点和品质，学到何谓成熟以及活出成熟自我的意义。

内在工作意味着成长。我们在这里说的"成长"是指成为一个成熟、有意识、有能力和完整的人的过程。这是一个有意识的行为——你选择成长，你用心地在你的心灵花园里"耕耘、播种、除草"。

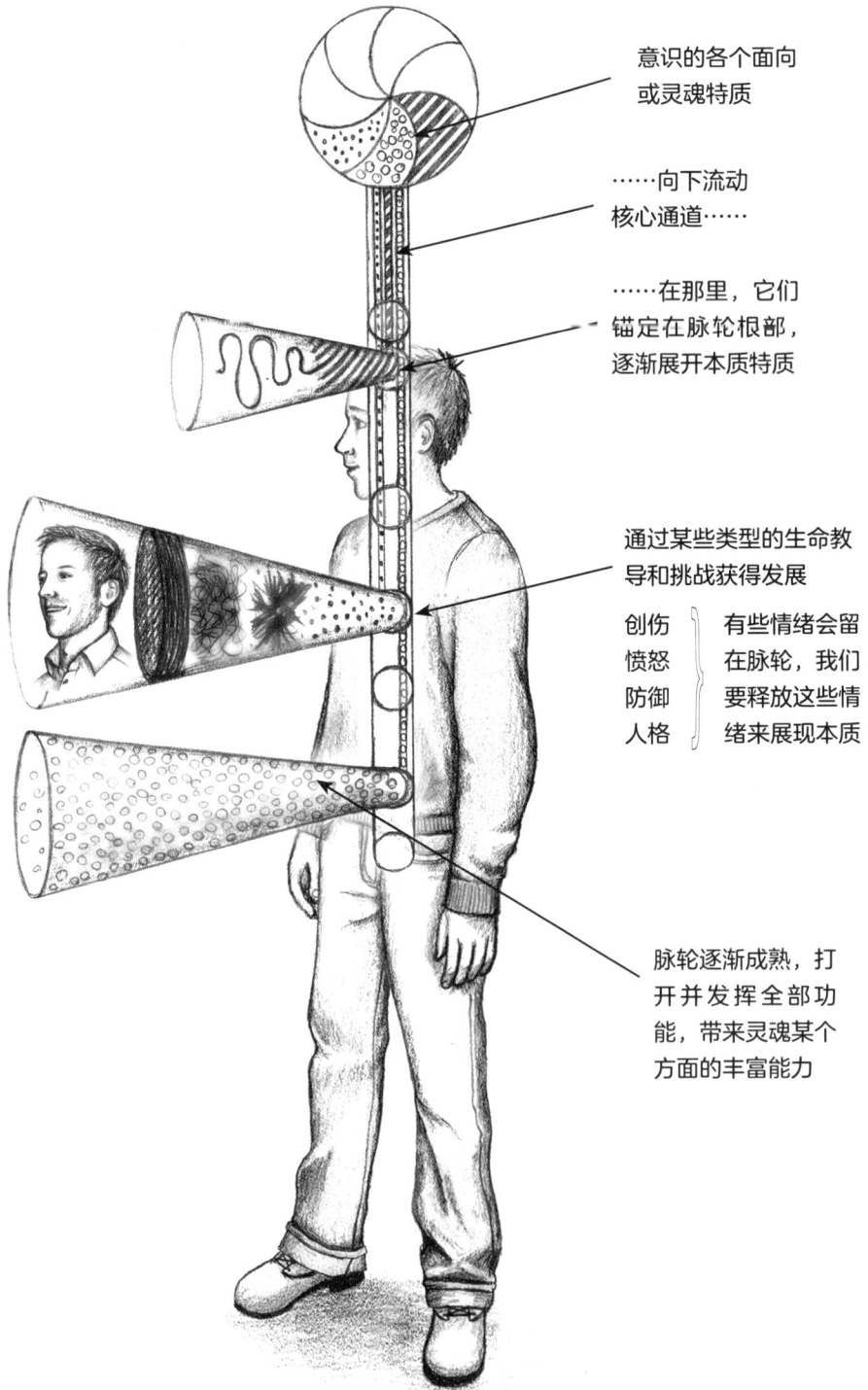

意识的各个面向
或灵魂特质

……向下流动
核心通道……

……在那里，它们
锚定在脉轮根部，
逐渐展开本质特质

通过某些类型的生命教
导和挑战获得发展

创伤   有些情绪会留
愤怒   在脉轮，我们
防御   要释放这些情
人格   绪来展现本质

脉轮逐渐成熟，打
开并发挥全部功
能，带来灵魂某个
方面的丰富能力

意识和本质

定义：内在工作

内在工作是指通过在你内在的各个组成部分直接"工作"，有意识地让自己变得成熟的过程。

现在有很多优秀的老师和项目。多做尝试，看看哪些对你有用，从中挑选出适合你的，跳进去开始吧。一个好的起点是关注内在小孩，与你的原生家庭和解。我们之所以这么建议，是因为我们身上的很多问题都来自童年，疗愈你的原生家庭（即使你来自一个所谓的"好"家庭）对于内在发展至关重要。

3. 脉轮心理学

我们鼓励你做的第三件事是深入探索脉轮。脉轮是我们能量体的一个重要方面。它们是"获取能量"、内在工作和冥想的核心。正如我们在本书开头提到的，脉轮工作非常广泛，因此我们决定用另一本书来专门介绍。一些更高级的能量平衡训练都与脉轮有关，而本质训练则完全以脉轮为基础，每个课程模块都以一个脉轮为中心。

脉轮心理学
脉轮系统

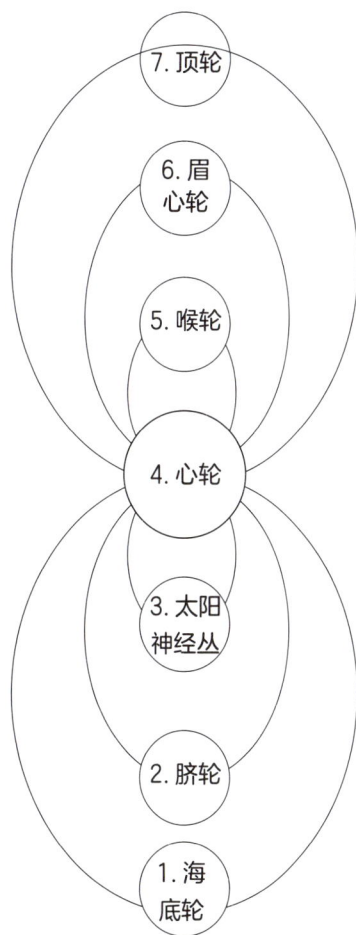

7. 顶轮
6. 眉心轮
5. 喉轮
4. 心轮
3. 太阳神经丛
2. 脐轮
1. 海底轮

定义：脉轮心理学

新兴的脉轮心理学描绘了从我们最初的动物本性到我们伟大的灵性的全部意识谱系。

了解脉轮是发挥我们最大潜能的一把万能钥匙。如果你想了解自己，那就来了解你的脉轮吧。

冥想、内在工作和脉轮心理学三者在能量的框架内相互结合，将引导你达到一个做梦也想不到的境界，并给你带来超乎想象的人生成就。

我们鼓励你深入这段旅程。在我们看来，每个人都是更大的生命织锦中的光点，而当一个人提升了自己的振频，这个振频就会散发出去，影响到更大的整体。想象一下，我们的星球上有数百万人，甚至有一天会有数十亿人，成为了解能量、有意识地生活的人类。这就是本书的最终目标——一个成熟、有觉知的地球文明。扮演好你的角色。

有觉知的团体工作
一个本质训练模块——团体一起工作，建立一个可以
提升每一个人的团体场域

第四部分

整合你的能量

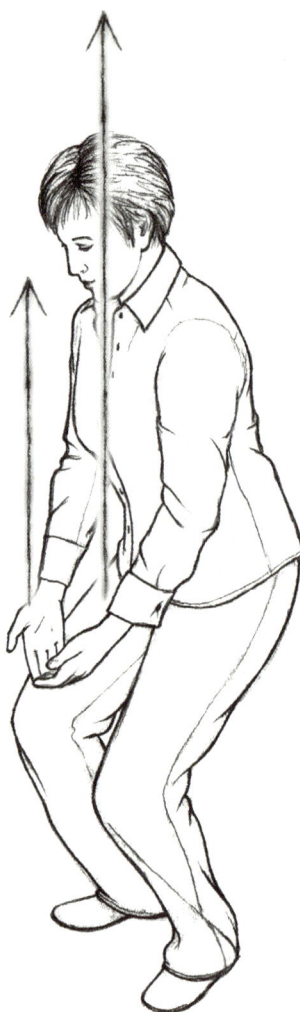

18 基本能量平衡练习与演化：FEBE、QEBE 和 EEBE

完整版能量平衡练习 (FEBE)——它是什么，为什么如此强大？

完整版能量平衡练习 (FEBE) 整合了能量平衡的所有主要动作，形成了一套完整且有效的练习体系。这个短短两分钟的动作序列可以帮助你快速回归平衡，居于中心，可以让你头脑清醒、情绪集中、能量平衡。

这个练习不仅每次做都有效，而且其效果是累积性的。每做一次，你都会在这些能量通道上刻下更深的烙印，它们带你越来越深入地了解自己的丰富内涵。

只是做肢体动作就会很有收获。但如果同时理解每个动作在做什么，并通过"临场感"和运用"意识"来调动能量，给予每个动作"适当关注"，这会给你带来更大的益处。

一旦你了解了每个动作在做什么，以及如何通过临场感和意识来调动能量，给予每个动作"适当关注"，你就会受益匪浅。

我们有多个版本的练习。完整能量平衡练习在 2 分钟内涵盖了能量平衡的全部内容，这个练习你可以连续重复多次。简化版的快速版能量平衡练习（The Quick Energy Balancing Exercise，简称 QEBE）可在 30 秒内完成，还有一种延长版能量平衡练习 (The Extended Energy Balancing Exercise，简称 EEBE)，需要 10~30 分钟，可根据个人需要选择。

完整能量平衡练习（FEBE）概述

完整能量平衡练习（FEBE）分为几个阶段，包括了前几章中涉及的主要内容。

1. 居于中心，让你的能量接地，将能量带到当下；
2. 向上流动，创造和谐，唤醒心轮；
3. 打开能量，向外扩展；
4. 让能量进入，回归自我；
5. 将能量提升至头顶以及上方，召唤高我（召唤）；
6. 对唤醒的能量保持开放（唤醒）；
7. 把这些能量带进身体，引入大地；
8. 最后，回到中心，能量场变得清澈且界限分明。

准备完整能量平衡练习时，尽可能地选择一个没有干扰的空间。电话铃声、电子产品或其他人会很容易打断你的练习。

完整版能量平衡练习

练习 18.1：完整版能量平衡练习（FEBE）

1. 居于中心（向内）

双脚分开，与肩同宽，站立。双手放在心轮位置，闭上眼睛，来到你的能量中心。

2. 接地（向下）

深吸一口气。呼气时，手掌朝地，双膝微微弯曲，双手慢慢向下移动至海底轮。

3. 提升能量至心轮（向上）

吸气时，双手掌心朝上，将能量从核心通道向上提升至心轮。

4. 打开自己（向外）

呼气时，双手从心轮慢慢向前向两侧移动，将自己打开。手掌朝上。

5. 将能量带回核心（向内）

吸气，双手呈弧形回到前方，朝向你的心轮中心。

6. 召唤高我的能量（向上）

呼气，手掌朝上，用双手将能量从心口向上举过头顶。举到你能举到的最高处，以召唤更高层次的能量（召唤）。

7. 唤醒高我的能量（向下）

吸气，慢慢将双臂向两侧打开，掌心朝上（唤醒），唤起你顶轮向下流动的能量。

8. 让高我能量落地（向下）

当双臂到达心轮高度时，呼气，旋转手掌向下，继续让能量流动到海底轮。

9. 重复循环两次

继续循环，将能量提升到心轮（动作 3），然后从动作 3~动作 8 连续重复两次。

10. 栖息在能量中心

结束最后一个循环，将能量提升到心轮，然后呼气，让双手放在心轮位置。回到你的中心。

快速参考要点：

1. 居于中心（向内）
2. 接地（向下）
3. 提升能量至心轮（向上）
4. 打开（向外）
5. 将能量带回核心（向内）
6. 召唤高我的能量（向上）
7. 唤醒高我的能量（向下）
8. 让高我能量接地（向下）
9. 重复循环两次（动作 3~动作 8）
10. 栖息在能量中心

FEBE 导师解说带练视频

1. 居于中心（向内）

2. 接地（向下）

3. 提升能量至心轮（向上）

4. 打开（向外）

5. 将能量带回核心
（向内）

6. 召唤高我的能量
（向上）

7. 唤醒高我的能量
（向下）

8. 让高我能量接地
（向下）

9. 重复循环两次
（动作 3~动作 8）

10. 栖息在能量中心

快速版能量平衡练习（QEBE）

快速版能量平衡练习 (QEBE) 通过两个简单的动作，让你在 30 秒内摆脱生活中的混乱状态，我们称之为"一扫一流"。

延长版能量平衡练习（EEBE）

延长版能量平衡练习 (EEBE) 是完整能量平衡练习的自由形式版本。在处理自己的能量时，你有时会觉得能量的某个方向或方面比其他方向或方面更需要关注。也许你太对外开放了，觉得需要花更多时间来让自己回归中心。又或者，你过度提升能量，头脑中能量过多，你需要更多地接地。

使用延长版能量平衡练习 (EEBE)，你可以在每部分想花多少时间就花多少时间。当你觉得该部分已经完成时，就进入下一步。根据你的具体需要进行练习。你可以改变顺序，或者只做你觉得你现在需要的步骤。

练习 18.2：快速版能量平衡练习（QEBE）

1. 向下

双脚分开，与肩同宽，站立。吸气，呼气时，双手掌心朝下，把能量带入海底轮。微微弯曲膝盖。

2. 向上

现在"收集"海底轮的能量，想象将它们捧在手中。手掌朝上，吸气，用双臂用力向上"扫"能量，一直"扫"到头顶，达到你觉得还算舒适的最高的位置。

3. 向外

呼气时，让双臂慢慢向两侧张开，然后继续慢慢向下运动，直到海底轮。

4. 重复

再次用力向上"扫"，重复"一扫一流"至少两次。

5. 向内

闭上眼睛，向内看，居于中心。

QEBE 导师解说带练视频

向下

向上

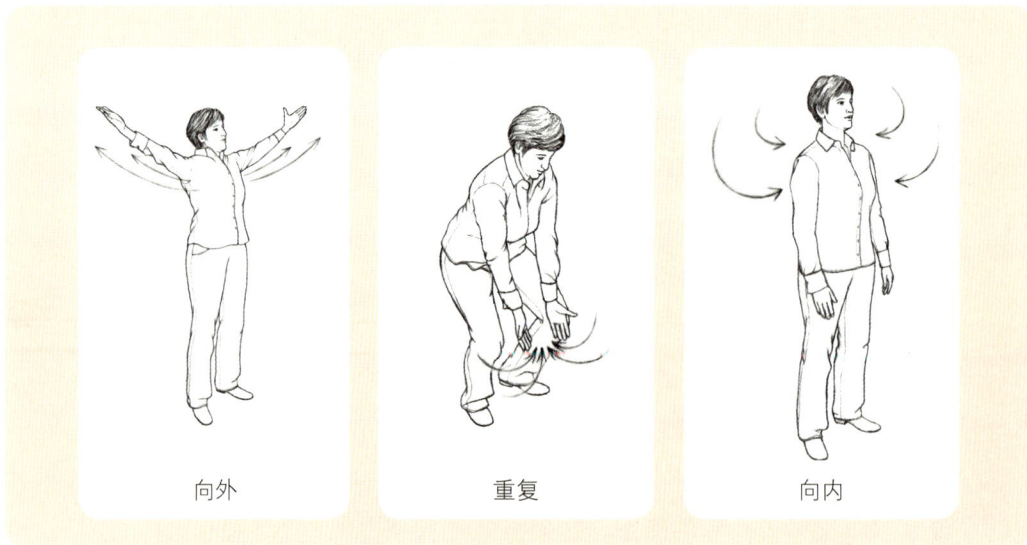

向外   重复   向内

延长版能量平衡练习（EEBE）七步骤以及其目的

清理能量场	清理能量碎屑——无论是你自己失常的情绪和心智能量，还是来自其他人、机器或环境的能量
能量进入及居于中心	当你感觉自己太"向外"时，回到能量中心。这种状态可能来自强烈的情绪、与他人的关系或陷入所做之事
为海底轮充电	这会为你带来活力，当你感到能量低落、疲惫、僵硬、恐惧、思维受阻、崩溃、匮乏、羞愧或内疚的时候，激活昆达利尼能量（生命力）
向上	帮你走出意识混乱状态；校准垂直能量，与你的本质或更高层次的源头建立联系
连接高我	连接你的潜能、更高智慧、直觉和灵感
把高我的能量带下来	将更高的能量锚定在你的身体中；将意识、新洞见和新视角带入你的系统和生活；帮助你实现你的愿景，发挥潜能，变得更加积极主动
构建一个界限圈	让你的能量充满活力；确立清晰的界限；为你的能量场提供保护

☞ **练习 18.3：延长版能量平衡练习 (EEBE)**

1. 清理能量场，清除能量碎屑

➤ **清理能量场**。发挥想象力，观想堵塞你能量场的碎屑。掌心朝外，将双手向外推出，穿过整个能量场。想象自己正在清扫灰尘和能量碎屑。

2. 让能量进入，在你的核心通道居于中心

➤ **聚集能量：** 双臂向前伸展，手掌朝向身体。开始从身体周围聚集能量，慢慢将能量带入你的身体。

➤ **栖息在核心通道：** 将一只手放在胸骨，另一只手放在耻骨，与核心通道平行。花一些时间把能量带入核心通道。居于中心，安于自己的本体，感受平静。

3. 充电并唤醒海底轮

➤ **打气：** 膝盖微微弯曲，双手放在身体两侧，上下摆动。手掌朝下，将能量向地面推。每次向下推时，从喉咙深处发出"呵"的声音。这样做至少 3 分钟。

4. 将能量提升到核心

➤ **为海底轮和心轮之间的核心通道充电：** 下一次吸气时，将你在海底轮聚集的能量向上带入到心轮。然后将能量再通过呼吸带回海底轮。重复几次，直到你感觉到核心通道有更强的振动。

➤ **用手辅助：** 吸气时，让双手掌心朝上，将能量从海底轮向上提升到心轮。转动手掌，呼气时将能量向下带回到海底轮。以类似太极拳的动作重复此动作数次。双手放在心轮的位置，结束这个动作。

5. 连接高我

➤ **从心轮到高我：** 当你进入身体上半部分更精微的能量时，让你心中的呼吸变得更加柔和。呼气，用双手从你的心轮向上提升能量到顶轮，直至高我。

➤ 深吸一口气，让你的双臂向两侧打开，再慢慢回到你的心轮区域。

➤ 再次将能量从你的心轮向上提升到高我，大约在你头顶一英尺处。重复至少 3 次。

➤ **校准你的垂直方向：** 最后一次重复后，双臂尽可能高地举起，掌心相对，举过头顶。保持片刻，尽可能地放松呼吸，感受能量在扩展。

6. 将高我的能量带下去，"锚定"

➤ **将高我的能量从头顶带入海底轮：** 将能量从你的顶轮慢慢向下带至海底轮，手掌朝向身体。想象轻轻地将更高的频率——

光、意识和智慧——引入你的能量场。重复数次。

➤ **让高我的能量落地**：继续向下将能量扫至双脚。花点时间，让更高层次的能量通过你的双腿和关节进入大地。

➤ **生根**：想象自己就像一棵树，想象自己的"根"扩展并深深扎根于大地。感受锚定并放松。

7. 构建一个可以容纳和保护的能量界限圈

➤ **从中心向外放射能量**：观想你的海底轮接地，你的顶轮向上连接，将你的能量由中心向四周放射大约 3 英尺的距离。

➤ **确定你的能量界限**：为了帮助你的系统更好地容纳这股奇妙的能量，将你的双手从远处向身体移动，掌心朝内。观想自己构建了大约 10 英寸厚度的能量场边界。

➤ 稳固整个能量场——正面、背面、侧面、顶部和底部。

➤ 当你的能量场形成一个清晰明确的边界时，让双手休息放松。

➤ **和高我能量共振，并居于中心**：想象你的能量场现在和你核心的高我能量一起振动，同时也保持着一个健康的"界限圈"。

快速参考要点：

1. 清理能量场，清除能量碎屑
2. 让能量进入，在你的核心通道居于中心
3. 充电并唤醒海底轮
4. 将能量提升到核心
5. 连接高我
6. 将高我的能量带下去，"锚定"
7. 构建一个可以容纳和保护的能量界限圈

19 主题快速参考列表

查找主题——诊断问题——找到解决方案!

引导你快速找到所需答案的参考列表

主题或症状	可能的能量原因	能量疗愈建议	参考
情绪			
人际关系困难	关心侵犯、爱的侵犯或吸取侵犯	检查是否存在任何形式的关心侵犯、爱的侵犯或吸取侵犯行为。吸纳正能量，拒绝负能量；学会分辨正能量和负能量	第12章: 爱的侵犯 关心侵犯 吸取侵犯 第6章: 让正能量进来 6.2
启动"心轮之火"	心轮流动受阻、受限或停止	敞开心扉。 唤醒心轮。 点燃更多的爱	第7章: 重新打开自己 7.2 第14章: 打开心轮 14.1 点燃更多的爱 14.2
让你感觉失去平衡却又没有明显原因的情绪症状	共情——不自觉地与他人的情绪产生了共鸣；接收了能量垃圾	找出不想要的情绪能量的来源。 清理能量系统中的能量垃圾	第2章: 你对能量的敏感度 第3章: 给你的能量场除尘 3.3 挖出黏稠物 3.4
感觉情绪麻木、僵硬或停滞	太多的能量进入——不健康的能量进入；能量场收缩	使用融化技巧和能量塑形，重新打开收缩的能量场	第9章: 融化"能量紧缩"状态 9.1 使用能量塑形打开"紧缩的能量" 9.2
过度取悦或过度照顾他人	能量场偏离中心——能量输出太多或者能量向前	回归自我。 感受你的核心通道	第4章: 把能量场带回中心 4.1 体验你的核心通道 4.2

主题或症状	可能的能量原因	能量疗愈建议	参考
过度投入 / 沉溺于他人的生活或他人过度投入 / 沉溺于你的生活	过载侵犯	了解爱和关心为什么会带来困扰	第 12 章：过载侵犯
情绪过强，让人无法招架	输出太多能量、失去能量	检查能量漏洞	第 8 章：修复能量漏洞 8.2
走出情绪戏剧；更多地成为一名"观察者"	底层脉轮过于活跃	向上提升能量。向更高层次的意识转变。发现你心中的"观察者"	第 14 章：通过呼吸把能量带入心轮 14.2 从脐轮到太阳神经丛 14.3 从"剧中人"到"观察者" 14.5

支配与控制

主题或症状	可能的能量原因	能量疗愈建议	参考
过度支配或控制他人——咄咄逼人、专横跋扈或野心勃勃	输出太多能量——太阳神经丛过度活跃，海底轮过度充电	阅读"攻击和意志侵犯"。查阅"创造影响的艺术"及"给予与强加"	第 4 章：把能量带回中心 4.1 第 12 章：攻击侵犯 意志侵犯 第 11 章：给予与强加 11.5
陷入冲突	不自觉地接收或传递愤怒情绪	清理自己。阅读第 10 章"有意识和无意识的创造"	第 3 章：清理能量场 3.3 挖出黏稠物 3.4 第 10 章：探寻创造的能量
操纵他人	意志强加；侵犯他人的边界	了解意志侵犯。构建一个能量界限圈容纳你的能量。学习有意识地发出指令	第 12 章：意志侵犯

主题或症状	可能的能量原因	能量疗愈建议	参考
操纵他人	意志强加； 侵犯他人的边界	了解意志侵犯。 构建一个能量界限圈容纳你的能量。 学习有意识地发出指令	第 8 章： 构建界限圈 8.1 第 11 章： 如何下达指令 11.4

自信和许可

被他人左右、支配或操纵	能量侵犯；他人如何侵犯你； 你如何创造了这个境遇	了解能量侵犯。 回到个人空间。 说"不"。 构建界限圈	第 12 章： 攻击侵犯 意志侵犯 吸取侵犯 通过能量共振控制他人 第 7 章： 个人空间 保护自己 7.1 说"不" 7.4 第 8 章： 构建界限圈 8.1
他人把情绪或"故事"倾泻到你身上	不健康的能量进入； 拒绝带入你的个人空间	拒绝吸收负面能量，保护自己。 构建健康的能量边界	第 7 章： 自我保护 7.1 第 8 章： 构建界限圈 8.1
过于敏感，容易受伤、被冒犯或崩溃	能量进入过多——不健康的边界； 接收太多能量	使用"融化"技巧重新回到平衡。 "允许前进"，迈出下一步	第 4 章： 回归中心 4.1 第 8 章： 构建界限圈 8.1 第 9 章： 融化"能量紧缩"状态 9.1 第 13 章： 放手并全心投入！ 13.1

主题或症状	可能的能量原因	能量疗愈建议	参考
需要保护	未进行自我保护	建立保护墙	第7章： 保护自己 7.1
需要赞赏	能量输出过多——没有与你的核心连接	练习"核心通道体验"。将意识从脐轮转移到太阳神经丛。与你已有的本质连接	第4章： 回归中心 4.1 核心通道体验 4.2 第14章： 从依赖到赋权 14.3 第13章： 活出本质特质 13.3

没有连接

主题或症状	可能的能量原因	能量疗愈建议	参考
感觉与身体脱节或没有接地	太多能量向上——没有接地	更踏实些。尽可能多地让自己接地	第4章： 回归中心 4.1 第16章： 接地练习 16.1~16.9
精神逃离	太多能量向上——活在头脑当中	完全回归身体，融入世界，提高效率	第11章： 影响练习 11.1~11.4
思维混乱	眉心轮能量浑浊或过度运转	清理你的头脑和能量场。做"树的练习"	第3章： 清理能量场 3.3 第4章： 树的练习 4.3
做白日梦、不切实际或过于灵性	高阶与低阶脉轮脱节——没有效率	让自己接地，把想法和梦想向下传递。了解如何将具有适当影响力的能量传送到适当的位置	第16章： 接地练习 16.1~16.9 第11章： 创造影响的艺术
感觉与生活中的美好事物隔绝，孤独、情感匮乏	能量墙封闭了你的能量系统	学会再次接受美好事物。看看你有哪些正能量来源	第6章： 让正能量进入 6.2 正能量来源清单

主题或症状	可能的能量原因	能量疗愈建议	参考
与深层自我、内心感受脱节	不向他人和自己表现脆弱	了解更多"有意识的脆弱"。 重新打开自己	第7章： 重新打开自己 7.2

缺少能量

感觉堵塞、迟钝、混乱或浑浊	能量场被"能量碎屑"堵塞	检查周围的人和场地的能量质量。 清除你所发现的能量碎屑	第2章： 你对能量的敏感度 第3章： 给你的能量场除尘 3.3
失去动力，感觉疲惫、无趣、懒散，像个"沙发土豆"	太多能量向下流动——能量不足	居于中心，回归自我。 在身体和能量层面，唤醒海底轮，获得新能量	第4章： 将能量场拉回中心 4.1 第16章： 让海底轮打气 16.4
感到沮丧、绝望、悲伤或抑郁	太多能量向下流动——能量崩溃	提升能量向上流动	第14章： 从低阶脉轮到心轮 14.4
嗜食、嗜酒、嗜色	能量漏洞； 与高阶能量脱节	了解更多有关能量漏洞的信息，并修复漏洞。 将你的意识从低处提升到高处。 连接你的智慧。 遇见高我，找到灵感和目标	第8章： 修复能量漏洞 8.2 第14章： 从低阶脉轮到心轮 14.4 从人格到智慧 14.6 第15章： 超越——开启神奇经历 15.1

显化

主题或症状	可能的能量原因	能量疗愈建议	参考
做太多事情，注意力分散	向外输出太多能量，夸大其词	居于中心，回归自我。接地，做"树的练习"，校准自己的能量	第4章： 回归中心 4.1 核心通道体验 4.2 树的练习 4.3
渴望创造自己想要的生活——有效的、充满力量的、喜悦的	压抑的能量；尚未认识到自己的潜能，或尚未充分运用自己的能量	做自己的主人。阅读有关"创造力"和"有意识的责任感"。学习从中心向外发送能量的艺术，创造你真正想要的影响。提升和强化你的本质	第10章： 创造力和有意识的责任感 第11章： 创造影响的艺术 第14章： 意识转变 第13章： 活出本质的艺术

行动中的能量

能量流动的四个方向		FEBE 和 QEBE 可以使你的能量系统保持和谐和平衡	第18章： 整合你的能量：完整版能量平衡练习和快速版能量平衡练习 18.1~18.2
做更多练习		进一步了解延长版能量平衡练习（EEBE）七个步骤中每步的目的，并进行尝试	第18章： 延长版能量平衡练习（EEBE）18.3

意识提升

转变并提升你的意识		将能量提升到更高的意识中心	第14章： 意识转变

主题或症状	可能的能量原因	能量疗愈建议	参考
遇见高我		深入了解"高我"和"超越"的意义	第15章： 遇见高我
超越人格，走向智慧		感知顶轮是智慧、直觉和洞见的中心	第14章： 从低阶的六个能量中心移动到顶轮 14.6
支持自我和/或精神成长		了解更多有关能量平衡的工具和目的，了解能量心理学、冥想和内在工作	第17章： 能量和意识

知识灵魂的各个方面或灵魂特质……向下移动

核心通道……它们在脉轮根部锚定，逐渐展现为本质特质。通过某些类型的生命教导和挑战获得发展。

创伤 愤怒 防御 人格 } 我们通过脉轮中的一些东西来展现本质

脉轮逐渐成熟、打开并发挥全部功能，带来灵魂方面的丰富能力

行动层面和意识层面		了解垂直和水平、能量循环流动和"向内—向上—向下—向外"	第5章： 能量流动的四个方向
搜索术语、能量原则或定义		在第20章中，你将看到18条能量原则一览表。词汇表提供了我们对大部分能量术语的解释	第20章： 18条能量原则一览表 第21章： 重要的能量术语词汇表
继续进行能量平衡		请查看我们的网站，了解你所在地区的最新计划和在线训练	第22章： 能量平衡练习概览

20 18条能量原则一览表

编号	名称	能量原则	图片	章节
1	人体的能量场是一根天线	人体的能量场就像最灵敏的天线		2
2	能量——贯穿一切的精微结构	我们所说的"能量"指的是存在于我们身体内部以及在我们与他人之间流动的微妙的力量,它无处不在,而且存在于一切之中		3
3	能量即物质	我们的思想、情感甚至生命能量都是物质		3
4	一切都是振动	不仅是物质,连生命能量、思想和情感都是能量的不同频率的振动形式		3
5	能量跟随注意力	你的注意力在哪里,能量就流向哪里		3
6	能量转移	能量可以在人、地点和物体之间转移		3
7	能量场是有层次的	一个人就像一个洋葱,由许多层构成		3
8	中心——能量的位置	中心是位于你身体中部的能量所在的位置,这是一条能量流动的垂直通道,从脊柱底部延伸到头顶		4

编号	名称	能量原则	图片	章节
9	"居于中心"是一种能量状态	"居于中心"是一种能量状态，在这种状态下，你的能量根植于核心通道，从而让你的整个能量系统保持一致和整合		4
10	能量流动的四个方向	对一个人来说，能量向四个主要的方向流动		5
11	我们是强大的能量传送者	每时每刻，我们的能量场都会向外发出强大的能量		10
12	人类能量场的每一层都在创造	每一层能量都在创造，都会对外界产生特定的影响		10
13	能量提升意识	将能量从较低状态转移到较高状态的过程会提升意识层次		14
14	高阶意识从顶轮开启	将能量引导至顶轮，可激发更高层次的意识状态		15
15	召唤与唤醒	召唤和唤醒是因果关系。当你向上呼唤时，能量世界也会做出回应		15

编号	名称	能量原则	图片	章节
16	灵性的物质性	灵性是身体里的一种体验		16
17	显化高我	我们来到地球上，就是要将灵魂中更高的能量带下来，并在我们的身体、心灵、情感和行动中表现出来		16
18	能量的更高召唤	能量寻求展现更高的振动形式和更高的意识		17

21 重要的能量术语词汇表

能量术语	定义	章节
合一	"合一"是能量场的一种状态，即所有能量中心校准、平衡、和谐，并作为一个整体发挥作用	4, 14
超越	"超越"代表了每个人都能获得的更高层次的意识维度，通常被称为"高智慧""灵魂"或"精神"。它通过一条从头顶向上垂直的能量通道进入，高出头部约 1 英尺（约 30 厘米），与第八脉轮（能量中心）相连	5, 15
界限（有意识的界限）	"界限"指的是人类能量场的边缘，就像包围着蛋的蛋壳一样。"有意识的界限"是一种能力，它能竖起一堵保护墙，不让不该进来的能量进来，或者控制住你的能量，不让它们不适当地流出（另见"界限圈"）	7
桥	"桥"是核心通道的一部分，位于头顶（顶轮）和第八中心（或高我）之间，大约在头顶上方一英尺（30 厘米）处。通过引导能量穿过这座桥，我们就能刺激并打开第八中心（或高我），与更高的意识和"超越"的神奇经历建立更直接的联系（另见"核心通道""顶轮""高我""超越"）	15
中心	能量场的平衡位置。能量场居于中心，而不是偏离中心——过多偏向于前方、后方、两侧、上方或下方（另见"偏离中心"）。 脊柱前方核心通道的位置，能量在其中垂直流动（另见"核心通道"）。 你内心深处的位置和感觉，在那里你与你内心深处最真实的存在相接触（另见"本质""金色存有"）	4, 11
脉轮心理学	脉轮心理学这一新兴领域探讨了人体能量系统中的七个能量中心（脉轮），以及这些又是如何影响我们的感觉、思想、身体、行为和能量的	17
充电	充电是一种让能量场保持充盈的状态——就像电池充满电一样。充电能为你所做的一切带来活力	6
能量循环流动	能量平衡基于能量流动的四个方向——向内、向上、向下和向外。当能量以健康的方式沿着这些方向流动时，我们就会说能量循环流动，这会滋养你，让你接地以及连接自我。 完整版能量平衡练习（FEBE）是一个很好的演示，它会告诉你如何将"能量循环流动"融入日常生活（见第 18 章）	5, 18
清理	清理是将我们不需要的能量从能量场中清除出去的过程（另见"碎屑""灰尘""黏稠物"和"层"）	3
意识	意识是一种"格式塔"，是一种觉察状态，也是一种看待世界的方式，包括情感和思想	14, 15, 17

能量术语	定义	章节
有意识的创造	有意识的创造是指你意识到自己发出的能量，并能巧妙地创造出你想要的结果（另见"创造者"和"无意识的创造"）	10
核心通道	核心通道是一条垂直的能量通道，位于能量体的最中心，从脊柱底部一直延伸到头顶。它与脊柱平行，位于脊柱的前方，也就是处于躯干的中间	4
创造	创造是我们通过发出的能量影响和塑造环境的能力（另见"无意识的和有意识的创造"）	10
顶轮	顶轮是位于头顶的能量中心。它是能量平衡的一个重要的中心，它用于通过呼吸引导能量向上，提升意识（见第14章）。正是顶轮让我们通过"桥"向上体验到"超越"（见第15章，另见"桥"和"超越"）。顶轮也是中心练习"树的练习"的一部分。在这个练习中，你可以将能量通过核心通道引导向上进入顶轮并打开它，就像树冠一样。（见第4章）（另见"中心""核心通道""树""向上"和"超越"）	4, 14, 15
动态中心	动态中心是一种能量流贯穿核心的体验，从脊柱底部流动到头顶（另见"树"）	4
向下	能量向下流入你体内的方向。也代表能量具体化和接地。生命的一个领域：向下代表你在身体里，在这个时刻，在此时此地。当你的能量场沉积在中心以下时，就是处于了不健康的位置，过于向下或"一团糟"。将你的高阶能量向下传送到你的身体，并进一步向下传送到大地（接地）	5, 9, 4
除尘	通过除尘，你可以清除我们所说的第一层能量"碎屑"，这层"碎屑"每天、每次谈话时都在不断积累，需要每天甚至每天多次清理（参见"碎屑"和"黏稠物"）	3
能量	能量是贯穿一切的精微结构。我们所说的"能量"指的是存在于我们身体内部以及在我们与他人之间流动的微妙的力量，它无处不在，而且存在于一切之中。能量是物质。我们的思想、情感甚至我们的生命能量都是物质	1
能量塑形	能量塑形是一种帮助你识别人体能量场内能量流动、形状和结构的工具。你可以用手和/或姿势来模拟特定位置或整个能量场中的能量形态	9
本质	本质是最重要、最基本的你，是我们每个人与生俱来的闪亮特质。虽然我们的本质是单一的，但它又分为许多品质，就像光线通过三棱镜照射会变成多种颜色一样，例如活力、喜悦、力量、爱、创造力、智慧和直觉（另见"金色存有"）	引言，9, 13, 17

能量术语	定义	章节
唤醒	唤醒是你召唤出"超越"的方式。唤醒就是反馈回来的回应。你变得乐于接受来自高我的回应。这就是神奇体验。"唤醒"可能是一种感觉、一种洞察力、一幅图画或一个幻象，它可能非常微妙，也可能像闪电一样强大（见第15章和"唤起"）	15
FEBE	完整版能量平衡练习。一个简单的2分钟连续动作，涵盖能量流动的所有方向，以创造合一、平衡和提升意识（另见QEBE）	18
金色存有	本质的代名词。"金色存有"是你最重要、最根本的存在（另见"本质"）	9, 13, 15
黏稠物	"黏稠物"是一种能量垃圾，它进入你的能量场并堵塞能量场。粘稠物是一种"碎屑"的形式，与"灰尘"（堵塞你的能量场的轻量级能量）有关。黏稠物具有较多物质，由沉重的情绪和思想组成，会影响你的能量场的特定区域。黏稠物会为你带来强大的破坏性的影响（另见"碎屑""灰尘""层"）	3
接地	体现更高层次的能量，以形式表达之前无形之物。 完全融入自己的身体，充满活力和生机。 将自己与大地和自然相连。 负责任地处理实际问题和具体事物	16
高我	高我或第八能量中心是一个能量旋涡，在你头顶上方约一英尺（约30厘米）处，是你自我的更高部分，带有高频振动，包含更高的意识层级（另见"旋涡""桥梁""超越"）	15
水平层面	水平层面是行动和关系的层面。能量从我们向周围的世界横向发出，从他人和环境向我们横向输入；例如，当你说话时，当你与他人联系时，当你与他人发生关系时——无论是爱还是愤怒，都会出现横向的能量流动	5
创造影响	向外发送能量以影响和改变环境的过程（另见"创造"）	11
向内	能量从他人和环境流向你的方向。（另见第6~7章"能量向内流动""吸收或不吸收能量"和"健康界限"） 生命的一个领域：能量输入是你的内在生活——内心丰富的思想、情感和感觉世界。 当你的能量场输入太多能量（引发能量场收缩、萎缩或僵硬）时，你的能量场就会处于不健康的状态 当你离中心太远时的举措：将你的能量收回到中心	4, 5, 6, 7, 8, 9
内在感知	内在感知让我们能够觉察自己的内在——丰富的思想、情感和能量世界	9
内在工作	内在工作是指通过在你内在的各个组成部分直接"工作"，有意识地让自己变得成熟的过程。内在工作的目标是清理自己的限制模式，提升自己的意识，尽可能地活得更加充实	17

能量术语	定义	章节
召唤	召唤是迈向"超越"的过程。它是你呼唤和打招呼的方式，也是你请求感受"超越"的存在或提出特定问题的方式。你向上发出言语、意图、情感和能量流，创造出一条能量通道。通过召唤，你会开启一段神奇的历程（见"唤醒"）	15
层	我们的能量场就像一个洋葱，由许多层的能量构成。外层保留了更表面和浅显的感受和思维。更深的层次则包含了更强烈和重要的感受和思维	3
能量漏洞	能量漏洞是指我们的能量场里一个或数个能量流失的地方（另见"界限圈"）	8
意识层次	意识是一种"格式塔"，一种看待世界的方式，包括感觉和思想。意识层次与进化有关，反映了我们感知能力的发展。意识将能量从较低状态转移到较高状态的过程会提升意识的层次	14, 15, 17
提升意识	将意识从较低的能量中心转移到较高的能量中心的过程被称为提升意识	14
冥想	冥想是将你的意识转向内在，并与你的内在自我，尤其是你的更高层次自我相契合的过程。冥想也是一种强大的方法，它通过某些方式引导能量，开启更高层次的能量、意识和感知	17
负能量	负能量具有破坏性，会限制生命的正能量（另见"正能量"）	7
偏离中心	当能量场位于你的前方或后方、上方或下方或侧面，你就会偏离中心。你没有扎根于你的中心（核心通道）。另见"中心"、"核心通道"	4
向外	从你的能量场向周围世界发出能量的方向（另见第 10~13 章"能量向外流动：关于创造、影响周围的世界和活出本质"）。生命的一个领域：输出代表你之外的世界——人、事物和地点。你的能量场超出自身范围的不健康的位置；通常指能量场过于靠前，但一般指任何使你偏离中心的方向	4, 5, 9, 10–13
责任感	责任感是一种对我们创造的事物负责或"认定"的态度	10
个人空间	与能量有关的"个人空间"是指人体能量场的一个空间维度，它向身体四周大约 3 英尺（约 90 厘米）的范围散发能量（另见"界限"和"界限圈"）	7, 8
正能量	正能量是充满活力、令人振奋和健康的能量，对我们有益（另见"负能量"）	6
QEBE	快速版能量平衡练习。30 秒能量流动练习，"一扫一流"，让你从"普通的能量碎屑"中解脱出来（另见 FEBE）	18
界限圈	界限圈是一个保护能量的软边界；它保护你的能量散发不会超出一定的范围（另见"能量漏洞"）	8

能量术语	定义	章节
敏感度（对能量的敏感度）	每个人都对能量敏感，只是大多数人不知道而已。由于各种原因，人们失去了对能量的敏感度。但每个人都能感觉到无数的能量。这可能只是身体上的一种微妙感觉，或情绪的变化，但你一直在捕捉能量并对能量做出反应	1, 2
不倒翁	来自德语；字面意思是"站立的人"，指一种底部呈圆形的玩偶，底部装有沙子或水。当你把它们打翻在地时，它们会重新站起来。我们用此比喻"迅速回到中心"	4
碎屑	"碎屑"指阻塞你能量场的能量碎片。"碎屑"是你自己和他人的情绪和想法的残留物，以及来自机器、手机、电脑等的不和谐能量。有两种类型的杂物："灰尘"是随处可见的较轻的能量；"黏稠物"是厚重的情绪和想法，会影响能量场的某个特定区域（另见"黏稠物"和"灰尘"）	3
转变	转变是指将你的能量从一种状态转变为另一种状态，通常是从较低的状态转变为较高的状态。转变能量会改变你对世界的看法，你的思维、感受和行动	
树	"树"是一种隐喻，也是一种练习，让你接地（根植于大地），以核心为中心（能量像树干一样上下流动），并与更高处相连（像树冠一样通向天空更高处）	4
无意识的创造	无意识的创造是指你没有意识到自己发出的能量及其影响（另见"创造"和"有意识的创造"）	10
向上	能量在你体内向上移动的方向。能量向上移动会提升意识和振动水平。"向上"将你与生命的更高层次相连，赋予你洞察力、智慧和更高的理解力（见第 14、15 章）。 生命的一个领域：向上代表着更高意识的维度，每个人都能到达。向上代表着你生活在高阶能量中心，能够从更高的视角和意识思考和行动——而不是生活在低阶能量中心及其本能模式中。 当你的能量向上流动太多时，你的能量场就会处于不健康的状态。 能量过低时的举措：将能量提升到更高的意识水平	4, 5, 14, 15
垂直层面	垂直是意识的层面。它是一个内部维度，与我们核心通道中的能量流动有关。能量在此处流动会改变我们思想和情感的质量。 虽然我们将垂直维度描述为内部维度，但它也有外部维度，因为垂直流动会让我们连接底层的大地并接地，同时也会为我们打开通往高层意识奇观的大门	5
能量侵犯	任何未经你意愿而进入你的能量场的行为都是能量侵犯。反之，每当你未经他人意愿越过他人的能量场边界时，你就是在侵犯别人	7, 12

能量术语	定义	章节
旋涡（能量旋涡）	旋涡是许多能量汇聚并改变状态和形态的焦点。人类就是一个巨大的能量旋涡，而在我们的能量场中还有许多更小的旋涡	5
脆弱性（有意识的脆弱性）	脆弱是我们最基本的弱点，我们会被触动，会被各种事物所影响。 有意识的脆弱是撤掉保护墙，让自我被触动	6
保护墙	保护墙是我们能量场中的能量保护层，可以阻止不需要的能量进入。保护墙对自我保护非常重要。然而，保护墙常常被固化，限制我们，禁锢我们的生命能量	7

22 能量平衡练习概览

第二部分

水平方向——行动的层面：向内与向外

（一）能量向内

6　能量进入

（二）能量向外

10　创造——你的创造力

第四部分
整合你的能量

高敏感人群能量管理手册

神木　编写

北京科学技术出版社

1. 一切皆能量，高敏感的本质就是对于能量敏感

一切皆能量。

在物理世界，爱因斯坦的质能方程（$E=mc^2$）表明质量和能量是可以等价转换的，物质可以被看作能量的一种形式，在量子力学中，微观粒子的波粒二象性直接验证了物质的能量特征。我们身边的一切物质，不管是固体、气体还是液体，都可以认为是能量的不同表现形式。

在精神世界，虽然很难证实，但是我们几乎每个人都可以感知到能量的存在。不管是思想、情绪还是语言，都带有能量。我们每个人都受这些能量影响，同时我们也通过这些能量影响着他人和这个世界。关于能量最常用的表达就是我们耳熟能详的正能量和负能量。

我们每一个人对于能量的的敏感度不同。

在全人类中，有一部分人，对于能量，不管是在物理世界，还是在精神世界，都具有超强的感知能力，我们将这些人称之为高敏感人群。很多人知晓心理学意义上的高敏感人群，他们感官灵敏、情绪强烈、头脑时刻转个不停。实际上，这是一类人群。

高敏感的本质就是对于能量敏感。

高敏感人群的感官灵敏，实际上是对物理世界的各种能量敏感。影像、声音、气味、味道、触觉等都是不同的能量表现形式。在一些高度敏感者的五感中，有两感甚至更多感是可以互通的，这也从另一个层面反应了这些感觉背后共同的能量本质。

高敏感人群的情绪激烈、思维活跃、内心丰富，对灵性感兴趣，从能量角度来看，这也是因为对精神世界的各种能量敏感。情绪、思维、内心、灵性，这些也都是不同层级能量的不同表现形式。对于精神世界能量的感知，相对于物质世界来说，需要更强的敏感性。

高敏感是一把双刃剑。

一个人越是敏感，就越可以感知到更大范围的能量，从物质世界到精神世界，从负向能量到正向能量。高敏感可以让我们更为深刻地感受到生活的美好，也为我们带

来了接触生命中更高能量的可能；同时，我们也必然要承受负向能量所带给我们的各种困扰和痛苦。

我们大多数人开始了解高敏感，了解能量，都是因为在生命中因"高敏感"而遇到了各种问题。

这个时候，我们会面临两种选择：一种是让自己变得不敏感，培养自己的"钝感力"，从而让我们因"高敏感"而带来的各种问题自行消失；另一种就是让自己变得更为敏感，让"高敏感"为"高敏感"提供解决方案，并且为我们发现更多可能。

我个人觉得，有些高度敏感者在短期内可能会做出第一种选择，而在长期来看则必然要做出第二种选择。如果连这种选择都看不清，也很难认为是高度敏感者了。

2. 有关高敏感的所有问题，能量都可以给出答案

高敏感的本质就是对能量敏感。

对能量敏感会给我们带来一些额外的困惑和负担。

我们生活在一个能量的世界。我们时时刻刻都在和这个世界进行着能量交互。如果这个世界的能量都是正向的，我们的感受也都会是正向的。只是很可惜，这个世界既有正向能量，也有负向能量。

我们因为对能量敏感而引发的所有问题，其根源都是来自负向能量的影响。

所谓负向能量，也可以称之为低频能量，简单说，就是让我们感觉"不舒服"的能量。

负向能量主要来自两个方面：第一，来自于环境，被污染的空气和水、腐败的食物、噪声、人造机器、人造化学物质等；第二，来自于他人，恐惧、批评、谩骂、控制、沮丧、焦虑等。负向能量无所不在，而且，相比较之前，现在的这个世界更加充满了负向能量。

这些负向能量对所有人都会产生影响。一个人越是敏感，所受到的影响也就越大。

例如，在一个环境里存在某种噪声，可能大多数人都不会受影响，甚至都不会有所觉知，但是高度敏感者很可能就会对此完全无法忍受；同样的，对于带有负向能量的他人，高度敏感者受到的影响也会更大，在人际交往层面就会表现出对于这个人的直接排斥。

负向能量对我们的影响是可以累积的。

我们每个人身上都积攒了很多的"能量垃圾"，这些都是负向能量遗留的产物。这些"能量垃圾"还在时刻影响着我们。我们也可以将此理解为一个人"心理上的创伤"，只是与身体上有形的伤口不同，这些都是不可见的。

为了抵御负向能量，保护个人能量场，曾经的我们下意识地采取了多种防御手段，对我们的个人能量场进行了一系列调整。每一个成年人的个人能量场都是不同的，这个能量场记载了这个人之前所有的成长印记。个人能量场具有惯性，决定了我们的反应方式。这就是一个人的性格。

几乎每个人的能量场都是失衡的。

失衡的能量场会被我们感知为各种长期的负向情绪，如焦虑、退缩、抑郁、虚无、孤独等。这些负向情绪也都代表着不同的能量场失衡形态。一个人一旦处于能量场失衡状态，就会体验到各种负向情绪。没有一种负向情绪是单独存在的，就像一个不倒翁，失衡的时候会来回摇摆。

综合以上，高敏感的所有问题，矫情、玻璃心、社恐、容易疲倦、焦虑、抑郁、虚无缥缈等，我们都可以在能量层面找到原因。面对这些问题，我们也都可以从能量角度来获得解决方案。

这个解决方案包括三部分：建立能量保护机制，清理能量场，恢复能量平衡。

3. 高度敏感者必须要建立自己的能量场保护机制

我们每个人都是脆弱的，或者说我们每个人都非常容易受到能量影响。不管这个人看起来有多么强壮，内心有多么坚毅，或者修行有多深，都不可能不受能量影响。

从主动的角度来说，高敏感对于能量具有高感知能力，而从被动的角度来说，高敏感代表着更容易受到能量影响。**高敏感人群就是相对更为脆弱的一群人，越是敏感就越是脆弱。**

对于高度敏感者来说，建立个人能量保护机制是非常有必要的。否则，我们的一生都会被负向能量所困扰。在这种情况下，高敏感不但不会帮助我们完成使命，还会成为一种负担。在这个世界上，我们也几乎无处可逃。我们必须要构建一个完整的、系统的能量保护机制。

这个保护机制分为以下几个部分：

第一，学会分辨正向和负向能量。引进正向能量，对负向能量说"不"。

高度敏感者对于能量敏感，即对于能量感受强烈。我们可以直接通过个人感受的好坏来区分正向和负向能量。只要我们开始有意识的觉察，我们的分辨能力就会越来越强。

然后，对于正向能量，我们积极拥抱，而对于负向能量，勇敢说"不"。这很可能需要调整我们惯性的反应模式。很多高度敏感者自卑、过度谦虚，对于正向能量不好意思接收，而对于负向能量又不好意思拒绝。这也是高度敏感者被负向能量困扰的一个主要原因。

第二，重建能量场保护墙，给与其自由和弹性，有意识地打开和关闭。

我们每个人都建有保护墙，这大都是无意识建立的。这面保护墙是死板的、没有弹性的，对于正向能量和负向能量都一视同仁。出于对负向能量的防护，高度敏感者的这面墙大都构建得很厚重，在防御负向能量的同时也拒绝了正向能量的进入，这会给自己带来一种模糊、隔离、死气沉沉和不真实的感觉。很多高度敏感者可以感知到这一点，却不知道为什么。

我们现在需要重新构建保护墙，与之前最大的不同就是，我们此次重建是带有意识的。这面墙不是固定的、死板的，它可以根据我们的需要来进行调整。我们处在一个安全、正向的环境当中时就可以打开它，而当外界环境改变之时，又可以适当进行关闭。

第三，在能量场内侧边缘构建界限圈，保护个人能量不对外无意识投射。

当我们走到路上，被一个美女所吸引，展开幻想；当我们看到橱窗中美丽的衣服，想象着自己穿上的样子；当我们被他人所冒犯，情绪过于激烈，向他人表达愤怒时；我们都在向外无意识地进行能量投射，我们妄图即刻改变现状。这会带来我们能量的大量外泄。

这是高度敏感者隐藏很深的一个重灾区。很多高度敏感者对于能量的影响有所感知，但是对于自己能量的泄漏却很少有人感知。这也是我们即使是在一个正向的环境中也会感觉能量不足的原因。我们对此的应对方法就是构建自己的能量界限圈，保护自己的能量完整、不外泄。

4. 高度敏感者本身就是一个能量碎屑收集爱好者

我们居住在房间里，需要不时地进行打扫。一个久未打扫的房间会满是灰尘和垃圾。房间干净、整洁，我们就会住得比较舒服；而一个脏乱差的房间，我们居住在里面，就会感觉到心烦意乱。我们的能量场也是一样，我们可以把能量场看成是自己的内心居住的房间。

大多数高度敏感者的能量场中都布满了灰尘和垃圾，我们可以将其统称为能量碎屑。这是高度敏感者的特性所决定的。高度敏感者本身就是一个能量碎屑收集爱好者，不管是与自己有关的、无关的、现实的、想象的，都要收集过来，同时还会将这些碎屑视为珍宝，轻易不肯放下。

如果可以把高敏感的能量场形象化为一个房间，那这个房间一定是惨不忍睹。我们进一步想象居住在这个房间里的人会是什么感觉，那就是很多高度敏感者日常的感觉。即使是处在一个正向的能量环境之下，我们依然会感觉到疲惫、烦乱、阻滞、缺少流动和生机。

如果我们不知晓能量碎屑，就会将这些感觉归为自己的感觉，会不停地反思自己哪里出了问题，并且会尝试各种办法去消除这种感觉。但因为我们没有找到感觉的根源，最终的结果就是我们对此完全无计可施。那种不舒服的感觉如影随形，并且越积越多。

随着这些感觉越来越难以忍受，我们开始通过做一些事情来让自己分心，如看剧、玩游戏、喝酒等。这种方式是一种不得已的方式，治标不治本。而且这些方式同时又带来了新的能量碎屑。从此，我们会与自己的内心完全隔离，我们将持续生活在混乱当中。

关于我说的以上这些，相信很多高度敏感者都会有相同感受。只是很多人可能会将其误解为焦虑或抑郁，毕竟现在我们知晓的似乎只有焦虑和抑郁。能量的引入让我们从根本上了解这些感觉的底层原因，并且也为此提供了简单、直接、高效的解决方案。

清理自己的能量场，是高度敏感者运用能量非常重要的一步。如果没有这一步，我们的能量就会一直被这些能量碎屑所消耗，同时我们为了消除这些能量碎屑所带来的不舒服的感觉，我们还要消耗更多的能量。这也是在能量层面，我们感觉到内耗的一个根本原因。

清理房间，我们需要扫帚、拖把等工具。而现在，我们完全可以把清理能量场的工作等同于清理房间，这里用到的工具都可以用我们的手来变换完成。只是，清理房间的工作是在物质世界中进行，而清理能量场则需要我们通过想象在内在世界完成。

随着我们的逐渐清理，我们的能量场会逐渐变得明亮、通透、有活力，就像一只久未使用的杯盏，经过擦拭，开始逐渐显露出光泽。我们的能量清理工作也会进行得越来越熟练。

5. 能量失衡是高度敏感者所有心理问题的症结所在

能量原则中有这么一条：我们的关注力在哪里，我们的能量就会流向那里。如果从长期来看，我们的关注带有一定的倾向，那我们的能量场也会随之形成一种倾向。

我们长期将关注力投向外部，我们的能量也会长期流向外部。这有些像长期征战在外的将军，难得有机会回家获得一次补给，自然就会感觉到疏离、飘摇、恍惚、疲惫，没有主心骨。这就是能量失衡。相对来说，能量平衡就是指能量居于中心，这会让我们感觉到宁静、安稳和喜悦。

聚焦到高度敏感者身上，我们可以想一下自己的关注力长期集中在了哪里。
我们列举两个高度敏感者能量失衡的例子。

一、我们在意别人的看法，非常需要获得他人的认可和鼓励，于是我们就会过于关注他人，并且会带有一种讨好的成分。长期下来，我们的能量场就会整体向前探，让更多的能量集中在了我们的正前方，这会让我们感觉重心不稳，和他人沟通会非常慌乱，给人一种"忙不迭"的感觉。

二、我们对灵性感兴趣，喜欢长期探索灵性。我们的关注点就会更多地集中在头部向上的位置，随之能量也会逐渐向上聚集。我们的能量场就会成为"大大的头，小小的身子"。这会让我们感觉自己没有根基，缺少现实感，容易恍神，并且做事情很容易不切实际。

能量失衡具有很多种情况，而且每种能量失衡都会引发心理问题，从另外的角度来说，每种心理问题背后也一定都有能量失衡。我们可以列出一个能量失衡和心理问题对应表。

能量失衡具有惯性，只要这一形态形成，如果我们不做能量平衡调整，就很难改变。反映到心理层面，就是"江山易改，本性难移"。在心理层面进行调整改变，并不是完全不可行，只是会非常慢，我们需要强有力的认知和长期演练，对能量进行不断地扭转。

而在能量层面进行能量平衡调整，就简单得多。

能量平衡的核心就是"回归中心"。不管是哪种形式的能量失衡，我们只需要回归中心即可。在我们的中心有一条核心通道。这条通道，可以认为是我们的内心所居住的地方。停留在核心通道，会让我们有一种"回家"的感觉。所有的心理问题的背后需求都是"回家"。

我们进行能量平衡、回归中心的方法也很简单。在我们感觉能量失衡的情况下，感知自己的能量延伸到了哪里，不管是前方还是上方，还是其他方向，用手结合想象拉回就好。能量层面的"回归中心"会直接影响到我们的心理状况，而且非常快速。

能量平衡理论具有非常重大的意义。

高度敏感者是各种心理问题的排头兵，退缩、讨好、焦虑、抑郁、虚无等，几乎都是高敏感人群的专属。同时，出于对于能量的敏感性，高度敏感者也会更容易通过能量平衡来解决自己的心理问题。这个方法简单、直接、高效，而且整个过程都是轻松、愉悦的。

6. 高度敏感者的生命就是一个能量循环流动的过程

我们大多数人都陷入了一个误区。这是我们生命中最大的误区。

我们会认为生活在这个世界，自己是完全被动的，我们需要依赖这个世界的资源存活和生长，我们需要了解这个世界、顺从这个世界。我们会觉的自己离不开这个世界，否则就会死亡。这是我们生命的全部。在这样的认知基础上，能量就只是一种单向的流动，即从世界流向我们。

而事实不是这个样子的。

我们的能量流动有四个主要的方向：向内、向外、向上、向下。能量在四个方向上按照一定顺序流动，周而复始，形成了一个能量循环。我们大多数人的认知误区，只是感知到了能量"向内"的这个方向，即世界对于我们的影响，而对后面三个方向则感知甚少。

高度敏感者因为自身的敏感性，对能量流动的四个方向以及能量循环都会有一定的感知。随着我们把这些碎片一点点地拼凑起来，就会逐渐认知到，我们的生命是一个能量循环流动的过程，而不仅仅是一种单向的流动。一旦有了这样的认知，我们的生命将迎来"质的转变"。

我们简要地叙述一下能量的四个方向和循环流动的过程。

对于"向内"这个方向，我们大多数都已经习惯，这是我们生活在这个世界上的基础设定。社会大众都会止步于此。而高度敏感者一般都会再向前进一步，即感知到自己的内心，继而在能量层面上向上拓展，其表现就是高度敏感者对于心灵层面的好奇和追求。

"向内"和"向上"两个方向，完成了我们能量循环流动的前半段。

我们大多数人，包括很多高度敏感者，都会卡在"向上"这一步。我们会认为"向上"是终极的，即使有"向下"，也是和"向上"相反的，是低级的、退步的，这是自我二元化思维。所谓"向上"只是能量流动的一个方向，这可以让我们感知到更加高频的能量。

能量循环流动的下半段是"向下"和"向外"两个方向。

"向下"即"落地"，在这里我们所说的"落地"和社会大众口中的落地完全不同。社会大众谈及的落地都是"现实主义"，而我们所说的"落地"是指一个人在意识提升（能量向上）之后，将更高的能量带回到我们的身心，这个时候的我们宛如获得新生。

"向外"即活出我们真实的自己，我们将更高的能量在现实世界显化，完成彰显。这个过程也被称为能量创造。我们会影响这个世界，并且创造着这个世界。这个世界会给予我们反馈。在这个时候，我们就不再是一个被动的人，我们会成为一个主动的人。我们完成了创造。

综合以上，我们的生命会遵循一个"向内—向上—向下—向外"的能量循环流动过程。这是我们生命的价值。只是很可惜，大多数人都停留在了第一个和第二个阶段。

7. 高度敏感者大都热衷于灵性，即能量向上

能量是分层次的。不同的能量会带给我们不同的感觉，也会引导我们做出不同的行为。一个人越是敏感，就越是有可能感知到更多的能量层级，从而也有可能生活在不同的能量层级。

我们立足于现实世界，大多数人所在的能量层级也是和现实世界相匹配的，这些人对这个现实世界具有归属感、安全感。而对于高度敏感者来说，因为可以感知到更高的能量层级，并且对于现实世界存在天生的排斥，其能量则更多地停留在了相对高级的能量层级。

在能量流动循环模型里，这是"向上"的方向。**只是对于多数的高度敏感者来说，这种"向上"是无意识的，是固化的，也是没有明确的目标的。这是一种意识的"强迫性升级"。**这带来的最常见的后果就是，能量更多地集中在了上方的脉轮，而下方的脉轮则缺少能量。

这是一种能量失衡，而非健康的"向上"能量流动。

健康的"向上"能量流动首先是有意识的，是灵活的，能量只有在需要的时候才向上流动，并且还有一个前提条件，那就是同时下方脉轮的能量也是充盈的。在这种情况下，"向上"的能量流动可以让我们获得力量、打开视野、获得智慧、感受到深层次的喜悦。

"向上"的能量流动有四个典型路径，这也对应了四次意识转变。

第一，能量从脐轮提升到太阳神经丛，由一个弱小的、依赖性、情绪化的自我转变为一个强大的、自主的、成熟的自我。高度敏感者大多感觉自卑、自我飘零、对于现实世界没有掌控感，就是因为太阳神经丛能量较弱。此路径能量提升，可以帮助高度敏感者更好地在现实世界生存。

第二，能量从下方三个脉轮提升到心轮，这会帮助我们打开心轮。心轮的打开会让我们由一个防御者转变成为一个参与者。我们将向他人和世界敞开，并且会感受到更多的连接、合一与爱。这符合高度敏感者天生的价值观，同时这也是高度敏感者一生的追求。

第三，能量从下方脉轮提升到眉心轮，这会帮助我们跳出现实世界的剧情，获得

更高层面的洞见和智慧。经过这次提升，我们之前所有的一切都有可能被推翻，就连我们的自我也会随之湮灭。很多高度敏感者的眉心轮天生就带有较强的能量，这对于现实世界的生活有时候反而是个阻碍。

第四，能量从下方脉轮提升到顶轮，我们将接触到更高的能量。这些能量已经完全超越了现实世界，可以称之为高我、灵魂等。我们将感受到开悟、狂喜、合一等等。

综合以上，对于高度敏感者来说，虽然说"向上"是能量循环流动的第二步，但是因为之前的能量失衡，如果我们的自我还没有重新建立，心轮还没有打开，我们可以实践以上介绍的第一条和第二条"向上"路径，而至于第三条和第四条，则可以暂且放下。

在能量觉醒的起始阶段，高度敏感者应该更加注重"向下"和"向外"两个方向。待能量恢复平衡，能量流动也更加得心应手，我们可以再回到"向上"这个方向。

8. 让理想在现实中落地，是高度敏感者最大的修行

我们的生命是基于现实世界的，即使是灵性，也是我们在现实世界里的超现实体验。

我们接触更高层面的能量，会让我们同时获得新的能量，对这个现实世界有新的洞察，也会基于此产生一些新的想法，这些想法就是理想。一个完全生活在现实世界里的人是不会有理想的。理想也是必然带有更高层面的能量的，否则那只是没有核心本质的幻想。

所谓理想，也可以认为是待实现的现实。

将理想在现实中实现，是每一个理想主义者在现实世界中最大的修行。

这不是一件容易的事情。这个世界从来都不缺少理想主义者，但是缺少可以将理想在现实中落地的人。理想主义者必然属于高度敏感者，而高度敏感者可以同时兼具理想主义和现实主义，并且有可能将这两项在现实世界中融合、显现。这是高度敏感者最终需要完成的整合之一。

让理想在现实中落地，从能量层面上来讲就是，我们在"向上"的能量流动过程中接触到了更高能量，我们将这些能量引导下来，让这些能量通过我们的身体、情绪、内心、行动等表现出来。这就是能量循环流动中"向下"的这个方向。

对于多数高度敏感者来说，"向下"这个方向上的工作是首要的。

我们太多的人将能量都集中在了头脑以上部分。这一方面是出于对更高能量的热忱，另一方面则是出于对较低能量的排斥。我们将能量长时间地悬置在头脑上方，是没有价值产出的。这是一种能量失衡。并且，为了维持这个状态，还要消耗额外的能量。

以上这种状态，我们可以称之为"灵性执念"，执念的背后是能量固著。

社会大众具有"自我执念"，而对于高度敏感者来说，除了"自我执念"还兼具"灵性执念"。

我们现在要做的就是破除"灵性执念"，将这些"向上"的固著的能量释放下来，这是一个落地、扎根的过程。这个过程会分为三个方面：

第一，暂停对于更高层面能量的关注。首先要找到之前自己过于关注灵性层面的原因，给予这些原因以新的洞见，没有了这个动机，我们自然就不会持续让自己维持在更高的能量状态。

第二，更多地关注现实世界。去更多地接触"烟火气"，并且实际去做一些与他人、世界广泛接触的事情，专注于当下，放下有关现实世界的任何成见，只是去经历、去感受。

第三，运用能量技巧，经常做"能量接地"练习，并且时刻对自己的能量状态保持觉察，一旦发现自己疏离、恍惚、断联，就随时让自己保持接地。

对于很多高度敏感者来说，"不接地、虚无缥缈"的状态可能已经持续了很久。这是高度敏感者的通病。但是，让自己落地于现实，也并非一件多么困难的事情。只要我们对此有了真正的觉察，通过认知调整和能量练习，双管齐下，很快就会有明显的感受。

9. 对于高度敏感者来说，能量输出的意义远大于能量输入

关于能量输出，我们大多数人都对此没有意识。

实际上，我们时时刻刻都在受外界能量影响，同时，我们也在时时刻刻地影响着外界。

只是，在之前，我们都是无意识的。无意识的能量输出，就像是我们走在人生路上，边走边向路边播散种子，我们只顾前行，却从来都不曾注意到路边已经生长出来的树木和花朵。我们会认为这一切都是外界的创造，也从来都没有意识到我们自己也是创造者。

是的，我们每一个人都是创造者。我们通过思想、情绪、语言、文字、行动等很多种方式向外输出能量，这些能量都在影响着外界，并且创造着外界。关于这一点的清晰认知，会给我们带来一个巨大飞跃。我们不是现实世界的被动接受者、甚至受害者，我们是主动参与者、创造者。

对于大多数的高度敏感者来说，其能量输入远大于能量输出。

我们可以将自己的能量场想象成一个房间，这个房间不停地涌进各种能量，但是却很少对外输出。时间一长，这些能量就会在这里变得拥挤不堪，我们的能量场也会变得混乱、嘈杂。

能量天然地寻求流动，如果我们可以为这些能量构建出口，进行能量输出，那么，慢慢的，房间里的能量就会开始变得有秩序，也会有空间允许更多新的能量进来。这就在我们的能量场里促进了能量流动。我们会因此感受到生机和活力，而在之前我们只会感觉阻滞和死气沉沉。

高度敏感者不习惯于进行能量输出，其本质原因是高度敏感者觉得自己不属于这个世界，是这个世界的边缘人。他们会因此而没有兴趣、没有信心、没有动力去进行能量输出。而正因为自己没有进行足够、有效的能量输出，会进一步感觉到自己不属

于这个世界。这是个恶性循环。

我们现在要打破这个循环，开始有意识地对外能量输出。

这所能带给我们的将会完全超乎我们的想象。这会是我们一生中做出的最有价值的事情。

能量输出是能量循环流动的非常重要的一环。

如果没有能量输出，能量就没有办法流动起来，我们在向内、向上、向下几个方向上都会出现阻滞。而一旦我们不管用哪种方式进行能量输出，事实上这也很简单，我们将会启动我们能量场的能量循环流动。这种能量循环流动会让我们生命的一切发生翻天覆地的变化。

我们会因此而成为自己生命的主人，创造自己想要的、喜欢的一切，之前所有的自卑、内耗、抑郁和焦虑都会一扫而空，我们会感受到更多的宁静、安稳、通畅和喜悦。

更为重要的是，我们会将更高的能量引入到现实世界当中。我们会活出自己，活出我们的本质，并让光通过我们照耀到更多的人。这是我们生命最大的价值和意义。也是我们生命的目标。